危险化学品企业重点岗位人员工伤预防能力提升培训系列教材

危险化学品企业班组长工伤预防知识

中国化学品安全协会◎组织编写

中国劳动社会保障出版社

图书在版编目(CIP)数据

危险化学品企业班组长工伤预防知识/中国化学品安全协会组织编写. -- 北京：中国劳动社会保障出版社，2023

危险化学品企业重点岗位人员工伤预防能力提升培训系列教材

ISBN 978-7-5167-5813-7

Ⅰ.①危… Ⅱ.①中… Ⅲ.①化工产品-危险品-工伤事故-事故预防-技术培训-教材 Ⅳ.①X928.503

中国国家版本馆 CIP 数据核字(2023)第 061397 号

中国劳动社会保障出版社出版发行

(北京市惠新东街 1 号 邮政编码：100029)

*

北京市白帆印务有限公司印刷装订 新华书店经销

787 毫米×1092 毫米 16 开本 15.75 印张 232 千字

2023 年 5 月第 1 版 2023 年 5 月第 1 次印刷

定价：52.00 元

营销中心电话：400-606-6496

出版社网址：http://www.class.com.cn

编委会

前言

我国历来高度重视工伤预防工作。2020 年 12 月，人力资源和社会保障部、工业和信息化部、财政部、住房城乡建设部、交通运输部、国家卫生健康委员会、应急管理部、中华全国总工会联合印发《工伤预防五年行动计划（2021—2025 年）》，提出瞄住盯紧工伤事故和职业病高发的危险化学品等重点行业企业、深入推进工伤预防培训等任务。

为了落实《工伤预防五年行动计划（2021—2025 年）》，提升危险化学品领域从业人员工伤预防意识和能力，2021 年 12 月，人力资源和社会保障部与应急管理部联合印发《关于实施危险化学品企业工伤预防能力提升培训工程的通知》（人社部函〔2021〕168 号）（以下简称“通知”）。通知要求，深入学习贯彻习近平总书记关于安全生产重要论述，紧紧围绕从源头上消除事故隐患，实施危险化学品企业工伤预防能力提升培训工程。利用三年时间（2022—2024 年），将需应急管理部门许可的危险化学品生产企业、储存设施构成重大危险源的经营企业、使用危险化学品从事生产的化工企业，以及涉及重点监管危险化工工艺、构成重大危险源的精细化工企业和化学合成类药品生产企业安全生产分管负责人、专职安全管理人员和班组长（含车间主任，下同）（以下简称“三类人员”）作为重点培训对象，2024 年年底前实现上述人员培训全覆盖。

为了加强和保证培训质量，不断提升三类人员工伤预防能力、履责能力、风险管控和应急处置能力，中国化学品安全协会组织专家，按照应急管理部下发的《危险化学品企业工伤预防能力提升通用培训大纲》，结合我国危险化学品企业安全管理现状，梳理了安全生产及工伤预防的应知应会知识，继“危险化学品重大危险源包保责任人工伤预防能力提升培训系列教材”后，又编写了“危险化学品企业重点岗位人员工伤预防能力提升培训系列教材”。本套教材包括以下 4 个分册：《危险化学品企业安全生产分管负责人工伤预防知识》《危险化学品企业专职安全管理人员工伤预防知识》《危险化学品企业班组长工伤预防知识》和《危险化学品企业重点岗位人员工伤预防能力提升培训习题集》。

本套丛书在编写过程中，参阅了相关资料与著作，在此对有关著作者和专家表示感谢。本套丛书力求内容全面、知识实用，但由于编者水平所限，书中恐有疏漏，敬请广大读者批评指正并提出宝贵意见。

编委会

2023 年 4 月

内容简介

本书围绕安全生产有关法律、法规、标准及文件等对危险化学品企业班组长安全管理的要求编写，旨在从企业现场安全生产管理方面提升班组长工伤预防能力、履责能力、风险管控和应急处置能力。

本书以危险化学品企业班组长应该掌握的安全生产知识和管理技能为出发点，以问答的形式介绍了安全生产相关法律知识、班组长与安全生产的关系、现场风险管控与作业安全、设备设施使用及维护、职业危害因素及防护、事故事件与应急处置、工伤保险与工伤预防等内容。所选题目针对性强，内容解析专业翔实，语言简明，通俗易懂。本书既适合危险化学品企业相关人员学习和使用，又适用于危险化学品企业工伤预防能力提升培训及安全生产培训等。

目录

第一章　安全生产相关法律法规及政策 …… 1
第一节　安全生产法律基本知识 …… 1
一、习近平总书记关于安全生产的重要论述 …… 1
二、我国安全生产法律体系基本框架 …… 4
三、从业人员的权利及义务 …… 5
四、《中华人民共和国刑法》中涉及安全生产罪刑的规定 …… 8
五、《中华人民共和国安全生产法》对企业安全生产的要求 …… 13
六、安全生产相关文件对企业安全生产的要求 …… 15
第二节　全员安全生产责任制 …… 17
一、全员安全生产责任制的落实 …… 17
二、班组长的安全职责及履责措施 …… 19

第二章　班组长与安全生产 …… 26
第一节　班组长在安全生产中的作用及素质要求 …… 26
一、班组长在安全生产中的作用 …… 26
二、班组长的素质要求 …… 28
第二节　班组建设与交接班管理 …… 30
一、班组建设 …… 30
二、班组交接班管理 …… 39
第三节　员工素质要求与技能提升 …… 41
一、员工素质要求 …… 41
二、员工技能提升 …… 43
第四节　现场安全与违章行为控制 …… 47

第三章　现场风险管控与作业安全 ······ 49
第一节　危险化学品基础知识 ······ 49
一、危险化学品基本概念 ······ 49
二、危险化学品分类与“一书一签”要求 ······ 55
第二节　化工安全基础知识 ······ 59
一、防火防爆基础知识 ······ 59
二、粉尘爆炸 ······ 67
三、化工工艺基础知识 ······ 70
第三节　风险管理基础知识 ······ 81
一、风险基本概念 ······ 81
二、危险源辨识方法及流程 ······ 86
三、风险评价方法 ······ 93
第四节　风险管控与隐患排查 ······ 98
一、双重预防机制的建立和实施 ······ 98
二、风险分级管控 ······ 100
三、隐患排查治理 ······ 106
第五节　重大危险源风险管控 ······ 115
第六节　变更管理要求 ······ 118
一、变更管理的定义及分类 ······ 118
二、变更管理实施要求 ······ 119
第七节　危险作业风险识别及管控 ······ 124
第八节　危险化学品储存安全 ······ 130
一、危险化学品储存过程中的风险 ······ 130
二、危险化学品储存安全管理要求 ······ 133

第四章　设备设施使用及维护 ······ 141
第一节　设备的使用及维护 ······ 141
一、化工设备基础知识 ······ 141
二、固定式压力容器、锅炉、压力管道的使用维护 ······ 146

第二节 电气仪表设施的使用及维护 …… 156
一、电气、仪表基础知识 …… 156
二、电气仪表设施的使用及维护要点 …… 165
第三节 工艺报警的管理 …… 167

第五章 职业危害因素及防护 …… 171
第一节 职业危害因素及防护知识 …… 171
一、职业危害因素的识别 …… 171
二、职业危害防护 …… 172
第二节 个体防护装备的选用及维护 …… 175
一、个体防护装备的选用 …… 175
二、个体防护装备的维护管理 …… 177

第六章 生产安全事故与应急处置 …… 179
第一节 生产安全事故的报告要求 …… 179
第二节 事故现场应急处置及自救互救 …… 182
一、事故现场应急救援 …… 182
二、危险化学品应急处置 …… 183
三、事故现场急救措施 …… 191
第三节 应急救援装备的选用、维护管理要求 …… 200
一、应急救援装备的选用 …… 200
二、应急救援装备的使用维护管理 …… 207
第四节 危险化学品典型事故案例 …… 208
一、石油化工企业典型事故 …… 208
二、精细化工企业典型事故 …… 215
三、氯碱企业典型事故 …… 223

第七章 工伤保险 …… 226
第一节 工伤保险基础 …… 226
一、工伤保险的特点及适用范围 …… 226

二、工伤保险费的管理 …………………………………………………… 228
第二节　工伤认定及劳动能力鉴定 …………………………………… 229
一、工伤认定的范围 ……………………………………………………… 229
二、工伤认定申请及工伤医疗补偿 ……………………………………… 230
三、劳动能力鉴定 ………………………………………………………… 230
第三节　工伤保险待遇 ………………………………………………… 232
第四节　工伤预防 ……………………………………………………… 234

参考文献 …………………………………………………………………… 238

第一章 安全生产相关法律法规及政策

第一节 安全生产法律基本知识

一、习近平总书记关于安全生产的重要论述

1. 如何理解习近平总书记有关安全生产重要论述的时代意义？

党的十八大以来，以习近平同志为核心的党中央对安全生产工作空前重视，习近平总书记多次主持召开中央政治局常委会会议和专题会议听取安全生产工作汇报，作出重要指示批示。安全生产是关系人民群众生命财产安全的大事，是经济社会协调健康发展的标志，是党和政府对人民利益高度负责的要求。习近平总书记在党的十九大报告中指出，要树立安全发展理念，弘扬生命至上、安全第一的思想，健全公共安全体系，完善安全生产责任制，坚决遏制重特大安全事故。习近平总书记在党的二十大报告中指出，提高公共安全治理水平，坚持安全第一、预防为主，完善公共安全体系，提高防灾减灾救灾和重大突发公共事件处置保障能力，加强个人信息保护。

2013 年 6 月 6 日，习近平总书记对全国多个地区接连发生多起重特大安全生产事故作出重要指示。习近平总书记指出，人命关天，发展决不能以牺牲人的生命为代价。这必须作为一条不可逾越的红线。要始终把人民生命安全放在首位，

以对党和人民高度负责的精神，完善制度、强化责任、加强管理、严格监管，把安全生产责任制落到实处，切实防范重特大安全生产事故的发生。

2013年11月24日，习近平总书记赴青岛黄岛经济开发区考察输油管线泄漏引发爆燃事故抢险工作，并作出重要指示。习近平总书记指出，各级党委和政府、各级领导干部要牢固树立安全发展理念，始终把人民群众生命安全放在第一位。要加大安全生产指标考核权重，实行安全生产和重大安全生产事故风险“一票否决”。责任重于泰山。要抓紧建立健全安全生产责任体系，党政一把手必须亲力亲为、亲自动手抓。要把安全责任落实到岗位、落实到人头，坚持管行业必须管安全、管业务必须管安全，加强督促检查，严格考核奖惩，全面推进安全生产工作。所有企业都必须认真履行安全生产主体责任，做到安全投入到位、安全培训到位、基础管理到位、应急救援到位，确保安全生产。要继续开展安全生产大检查，做到“全覆盖、零容忍、严执法、重实效”。要采用不发通知、不打招呼、不听汇报、不用陪同和接待，直奔基层、直插现场、暗查暗访的方式。要加大隐患整改治理力度，建立安全生产检查工作责任制，实行谁检查、谁签字、谁负责，做到不打折扣、不留死角、不走过场，务必见到成效。要做到“一厂出事故、万厂受教育，一地有隐患、全国受警示”。

2020年年初，习近平总书记专门对安全生产作出重要指示，强调生命重于泰山，要求层层压实责任，狠抓整改落实，强化风险防控，从根本上消除事故隐患，有效遏制重特大事故发生。生命重于泰山，人民的生命安全高于一切。

2020年4月，在疫情防控常态化、推动经济恢复发展的关键时期，习近平总书记作出重要指示强调，全国正在复工复产，要牢牢守住安全底线，切实维护人民群众生命财产安全。绝不能只重发展不顾安全，更不能将其视作无关痛痒的事，搞形式主义、官僚主义。

习近平总书记关于安全生产重要论述，从历史与现实相贯通、治标与治本相关联、当前与长远相统筹的宽广视角，系统回答了如何认识安全生产、如何做好安全生产工作等重大理论和现实问题，既部署了“过河”的任务，也解决了“桥”和“船”的问题，是我们做好新时代安全生产工作的根本遵循和行动指南。

2. 如何理解习近平总书记有关安全发展理念的重要论述？

2013 年 5 月至 6 月，我国连续发生多起重特大安全生产事故，特别是 6 月 3 日发生的吉林长春宝源丰禽业有限公司特别重大火灾事故，造成 121 人遇难。对此，习近平总书记作出重要指示，首次提出“安全红线”，强调“人命关天，发展决不能以牺牲人的生命为代价。这必须作为一条不可逾越的红线”。并进一步强调，这个观念一定要非常明确、非常强烈、非常坚定。

思想意识是魂，措施行动是形，魂固而形聚。近年来，“安全发展、生命至上、安全第一”的理念牢固树立。然而，在一些地方，发展理念仍存在偏差，把安全生产当成影响发展的绊脚石，与安全发展的理念要求背道而驰。2018 年 7 月 12 日，四川宜宾恒达科技有限公司发生重大爆炸着火事故，导致 19 人死亡。该企业未批先建、边生产边建设、设计和生产“两张皮”，根本不具备安全生产条件和能力，安全管理极其混乱，其目无法纪、肆无忌惮的根本原因是以人民为中心的安全理念没有彻底地贯彻落实，过分地注重经济项目和经济效益，忽视了人民生命财产安全。

理念一旦错了，不但发展问题解决不了，还会制造出更大问题。2019 年，江苏响水“3·21”爆炸事故的警钟早在 8 年前就已敲响。2011 年 2 月，响水生态化工园区的企业发生氯气泄漏，即将“爆炸”的传言迅速引起社会恐慌，附近村民万人“大逃亡”。但响水县“吃了一堑，没长一智”，在不具备安全生产条件与能力的情况下，盲目发展化工产业，大量引进其他地区淘汰的高风险、高污染企业。究其根源，是理念的偏差。如果发展不能保证人民的生命财产安全，这样的发展不仅没有意义，也不可能持续。高质量发展是体现新发展理念的发展，是统筹发展和安全基础上的更为安全的发展。

安全和发展是一体之两翼、驱动之双轮。安全是发展的前提，发展是安全的保障。习近平总书记强调，我们必须牢固树立这样一个理念，就是不能要带血的生产总值，要统筹发展和安全两件大事。

二、我国安全生产法律体系基本框架

1. 我国安全生产法律体系基本框架是什么？

安全生产法律体系，是指我国全部现行的、不同的安全生产法律规范形成的有机联系的统一整体。根据法的不同层级和效力位阶，分为上位法与下位法。上位法是指法律地位、法律效力高于其他相关法的立法。下位法相对于上位法而言，是指法律地位、法律效力低于相关上位法的立法。目前我国安全生产法律体系的基本框架包含以下 3 个方面。

（1）法律。法律是安全生产法律体系中的上位法，居于整个体系的最高层级，其法律地位和效力高于行政法规、地方性法规、部门规章、地方政府规章等下位法。国家现行的有关安全生产的专门法律有《中华人民共和国安全生产法》《中华人民共和国消防法》等，与安全生产相关的法律主要有《中华人民共和国劳动法》《中华人民共和国职业病防治法》等。

（2）法规。安全生产法规分为行政法规和地方性法规。

1）行政法规。安全生产行政法规的法律地位和法律效力低于有关安全生产的法律，高于地方性安全生产法规、地方政府安全生产规章等下位法。国家现有的安全生产行政法规有《安全生产许可证条例》《生产安全事故报告和调查处理条例》《危险化学品安全管理条例》等。

2）地方性法规。地方性安全生产法规的法律地位和法律效力低于有关安全生产的法律、行政法规，高于地方政府安全生产规章。经济特区安全生产法规和民族自治地方安全生产法规的法律地位和法律效力与地方性安全生产法规相同。安全生产地方性法规有《北京市安全生产条例》《天津市安全生产条例》等。

（3）规章。安全生产行政规章分为部门规章和地方政府规章。

1）部门规章。国务院有关部门依照安全生产法律、行政法规的规定或者国务院的授权制定发布的安全生产规章与地方政府规章之间具有同等效力，在各自的权限范围内施行。

2）地方政府规章。地方政府安全生产规章是最低层级的安全生产立法，其法律地位和法律效力低于其他上位法，不得与上位法相抵触。

2. 我国安全生产法律体系是如何分类的？

（1）根据同一层级的法的适用范围不同，分为一般法与特别法。一般法是适用于安全生产领域中普遍存在的基本问题、共性问题的法律规范，它们不解决某一领域存在的特殊性、专业性的法律问题。特别法是适用于某些安全生产领域独立存在的特殊性、专业性问题的法律规范，比一般法更专业、更具体、更有可操作性。

（2）根据法的内容、适用范围和具体规范，分为综合性法与单行法。综合性法不受法律规范层级的限制，而是将各个层级的综合性法律规范作为整体来看待，适用于安全生产的主要领域或者某一领域的主要方面。单行法的内容只涉及某一领域或者某一方面的安全生产问题。在一定条件下，综合性法与单行法的区分是相对的、可分的。

三、从业人员的权利及义务

1. 从业人员的法定权利有哪些？

（1）获得安全保障、工伤保险和民事赔偿的权利。《中华人民共和国安全生产法》第五十二条规定，生产经营单位与从业人员订立的劳动合同，应当载明有关保障从业人员劳动安全、防止职业危害的事项，以及依法为从业人员办理工伤保险的事项。生产经营单位不得以任何形式与从业人员订立协议，免除或者减轻其对从业人员因生产安全事故伤亡依法应承担的责任。第五十六条规定，因生产安全事故受到损害的从业人员，除依法享有工伤保险外，依照有关民事法律尚有获得赔偿的权利的，有权提出赔偿要求。第五十一条规定，生产经营单位必须依法参加工伤保险，为从业人员缴纳保险费。

（2）危险因素、防范措施和事故应急措施的知情权。《中华人民共和国安全生产法》第五十三条规定，生产经营单位从业人员有权了解其作业场所和工作岗位存在的危险因素及事故应急措施。为保证从业人员这项权利的行使，生产经营单位有义务事前告知有关危险因素和事故应急措施。否则，生产经营单位就侵犯了从业人员的权利，并对由此产生的后果承担相应的法律责任。

（3）对本单位安全生产的批评、检举和控告的权利。从业人员是生产经营单位的主人，他们对安全生产情况尤其是安全管理中的问题和事故隐患最了解、最熟悉，具有他人不能替代的作用。只有依靠他们并且赋予必要的安全生产监督权和自我保护权，才能做到预防为主，防患于未然，才能保障他们的人身安全和健康。为此，《中华人民共和国安全生产法》规定，从业人员有权对本单位的安全生产工作提出建议；有权对本单位安全生产工作中存在的问题提出批评、检举、控告。

（4）拒绝违章指挥和强令冒险作业的权利。在生产经营活动中经常出现企业负责人或者管理人员违章指挥和强令从业人员冒险作业的现象，由此导致事故，造成大量人员伤亡。因此，法律赋予从业人员拒绝违章指挥和强令冒险作业的权利，不仅是为了保护从业人员的人身安全，也是为了警示生产经营单位负责人和管理人员必须照章指挥，保证安全，并不得因从业人员拒绝违章指挥和强令冒险作业而对其进行打击报复。《中华人民共和国安全生产法》第五十四条规定，从业人员有权拒绝违章指挥和强令冒险作业。生产经营单位不得因从业人员拒绝违章指挥、强令冒险作业而降低其工资、福利等待遇或者解除与其订立的劳动合同。

（5）紧急情况下的停止作业和紧急撤离的权利。由于生产经营场所存在不可避免的自然和人为的危险因素，这些因素将会或者可能会对从业人员造成人身伤害。比如从事危险物品生产作业的从业人员，一旦发现危险物品泄漏、燃烧、爆炸等紧急情况并且无法避免时，法律赋予他们享有停止作业和紧急撤离的权利。《中华人民共和国安全生产法》第五十五条规定，从业人员发现直接危及人身安全的紧急情况时，有权停止作业或者在采取可能的应急措施后撤离作业场所。生产经营单位不得因从业人员在此种紧急情况下停止作业或者采取紧急撤离措施而降低其工资、福利等待遇或者解除与其订立的劳动合同。

2. 从业人员的法定义务有哪些？

（1）落实岗位安全责任的义务。全员安全生产责任制是保障安全生产的重要制度，其目的就是要建立健全并落实人人有责、人人尽责的制度。从业人员在作业过程中，严格落实岗位安全责任，是落实全员安全生产责任制的重要体现，也是保证安全生产的关键。为此，《中华人民共和国安全生产法》第五十七条规定，从业人员在作业过程中，应当严格落实岗位安全责任。这是一条法定的义务。班组长应该督促本班组成员落实岗位安全责任。

（2）遵章守规、服从管理的义务。《中华人民共和国安全生产法》第五十七条规定，从业人员在作业过程中，应当严格落实岗位安全责任，遵守本单位的安全生产规章制度和操作规程，服从管理。根据《中华人民共和国安全生产法》和其他有关法律、法规和规章的规定，生产经营单位必须制定本单位安全生产的规章制度和操作规程。从业人员必须严格依照这些规章制度和操作规程进行生产经营作业。安全生产规章制度和操作规程是从业人员从事生产经营、确保安全的具体规范和依据，遵守规章制度和操作规程，实际上就是依法进行安全生产。班组长应该督促本班组成员遵守规章制度和操作规程，保证安全生产。

（3）正确佩戴和使用劳动防护用品的义务。按照法律、法规的规定，为保障人身安全，生产经营单位必须为从业人员提供必要的、安全的劳动防护用品，以避免或者减轻作业和事故中的人身伤害。但实践中由于一些从业人员缺乏安全知识，认为佩戴和使用劳动防护用品没有必要，往往不按规定佩戴或者不能正确佩戴和使用劳动防护用品，由此引发的人身伤害时有发生，造成不必要的伤亡。为此，《中华人民共和国安全生产法》第五十七条规定，从业人员在作业过程中，应当正确佩戴和使用劳动防护用品。班组长应该督促本班组成员正确佩戴和使用劳动防护用品。

（4）接受安全培训，掌握安全生产技能的义务。不同行业、不同生产经营单位、不同工作岗位和不同的生产经营设施、设备具有不同的安全技术特性和要求。随着生产经营领域的不断扩大和高新安全技术装备的大量使用，生产经营单位对从业人员的安全素质要求越来越高。从业人员的安全生产意识和安全技能的高低，直接关系到生产经营活动的安全可靠性。《中华人民共和国安全生产法》第五十八条规定，从业人员应当接受安全生产教育和培训，掌握本职工作所需的安全生产知识，提高安全生产技能，增强事故预防和应急处理能力。

（5）发现事故隐患或者其他不安全因素及时报告的义务。从业人员直接进行生产经营作业，他们是事故隐患和不安全因素的第一当事人。许多生产安全事故是由从业人员在作业现场发现事故隐患和不安全因素后没有及时报告，以至延误了采取措施进行紧急处理的时机而导致。如果从业人员尽职尽责，及时发现并报告事故隐患和不安全因素，并及时有效地处理，完全可以避免事故的发生和降低事故的损失。为此，《中华人民共和国安全生产法》第五十九条规定，从业人员发现事故隐患或者其他不安全因素，应当立即向现场安全生产管理人员或者本单位负责人报告；接到报告的人员应当及时予以处理。

四、《中华人民共和国刑法》中涉及安全生产罪刑的规定

1.《中华人民共和国刑法》对重大责任事故罪是如何定罪的？其构成要件包括哪些？

《中华人民共和国刑法》第一百三十四条规定，在生产、作业中违反有关安全管理的规定，因而发生重大伤亡事故或者造成其他严重后果的，处 3 年以下有期徒刑或者拘役；情节特别恶劣的，处 3 年以上 7 年以下有期徒刑。

重大责任事故罪的构成要件包括以下 4 个方面。

（1）本罪侵犯的客体是生产、作业的安全。生产、作业的安全是各行各业都十分重视的问题。在生产过程中出现一点问题都有可能导致正常生产秩序的破坏，甚至发生重大伤亡事故，造成财产损失。同时，生产安全也是公共安全的重要组成部分，危害生产安全同样会使不特定多数人的生命、健康或者公私财产遭受重大损失。

（2）客观方面表现为在生产、作业中违反有关安全生产的规定，因而发生重大伤亡事故或者造成其他严重后果的行为。违反有关安全管理的规定而发生重大伤亡事故或者造成其他严重后果，是重大责任事故罪的本质特征。其在实践中多表现为“不服管理”“违反规章制度”。

（3）犯罪主体为一般主体。犯罪主体包括对生产、作业负有组织、指挥或者管理职责的负责人、管理人员、实际控制人、投资人等人员，以及直接从事生

产、作业的人员。

（4）主观方面表现为过失。行为人在生产、作业中违反有关安全管理规定，可能是出于故意，但对于其行为引起的严重后果而言，则是过失，因为行为人对其行为造成的严重后果是不希望发生的。之所以发生了安全事故，是由于行为人在生产过程中严重不负责任，疏忽大意或者对事故隐患不积极采取补救措施，轻信能够避免。

2.《中华人民共和国刑法》对强令、组织他人违章冒险作业罪是如何定罪的？其构成要件包括哪些？

《中华人民共和国刑法》第一百三十四条规定，强令他人违章冒险作业，或者明知存在重大事故隐患而不排除，仍冒险组织作业，因而发生重大伤亡事故或者造成其他严重后果的，处 5 年以下有期徒刑或者拘役；情节特别恶劣的，处 5 年以上有期徒刑。

强令、组织他人违章冒险作业罪的构成要件包括以下 4 个方面。

（1）本罪侵犯的客体是作业的安全。强令、组织他人违章冒险作业，是对正常的作业安全秩序的严重扰乱和破坏，发生了危害公共安全的后果，即危害了不特定多数人的生命、健康和公私财产的安全。

（2）客观方面表现为强令、组织他人违章冒险作业，因而发生重大伤亡事故或者造成其他严重后果的行为。

（3）犯罪主体为一般主体。犯罪主体包括对生产、作业负有组织、指挥或者管理职责的负责人、管理人员、实际控制人、投资人等人员。

（4）主观方面为过失。强令、组织他人违章冒险作业罪是结果犯罪，行为人虽然实施了强令、组织他人违章冒险作业的行为，但如果没有发生重大伤亡事故或者没有造成其他严重后果，只属于一般责任事故，不构成犯罪。

3.《中华人民共和国刑法》对重大劳动安全事故罪是如何定罪的？其构成要件包括哪些？

《中华人民共和国刑法》第一百三十五条规定，安全生产设施或者安全生产条件不符合国家规定，因而发生重大伤亡事故或者造成其他严重后果的，对直接负责的主管人员和其他直接责任人员，处 3 年以下有期徒刑或者拘役；情节特别恶劣的，处 3 年以上 7 年以下有期徒刑。

重大劳动安全事故罪的构成要件包括以下 4 个方面。

（1）本罪侵犯的客体是生产安全。保护劳动者在生产过程中的安全与健康，是生产经营单位的法律义务和责任。

（2）客观方面表现为安全生产设施或者安全生产条件不符合国家规定，因而发生重大伤亡事故或者造成其他严重后果的行为。

（3）犯罪主体为一般主体。犯罪主体是指对安全生产设施或者安全生产条件不符合国家规定负有直接责任的生产经营单位负责人、管理人员、实际控制人、投资人，以及其他对安全生产设施或者安全生产条件负有管理、维护职责的人员。

（4）主观方面由过失构成。即行为人应当预见到安全生产设施或者安全生产条件不符合国家规定所产生的后果，但由于疏忽大意没有预见或者虽然已经预见，但轻信可以避免，结果导致发生了重大安全生产事故。

4.《中华人民共和国刑法》对危险作业罪是如何定罪的？其构成要件包括哪些？

《中华人民共和国刑法》第一百三十四条之一规定，在生产、作业中违反有关安全管理的规定，有下列情形之一，具有发生重大伤亡事故或者其他严重后果的现实危险的，处 1 年以下有期徒刑、拘役或者管制：

（1）关闭、破坏直接关系生产安全的监控、报警、防护、救生设备、设施，或者篡改、隐瞒、销毁其相关数据、信息的；

（2）因存在重大事故隐患被依法责令停产停业、停止施工、停止使用有关设备、设施、场所或者立即采取排除危险的整改措施，而拒不执行的；

（3）涉及安全生产的事项未经依法批准或者许可，擅自从事危险物品生产、经营、储存等高度危险的生产作业活动的。

“未经依法批准或者许可”主要包括以下 4 种情形：

（1）自始未取得批准或者许可；

（2）批准或者许可被暂扣、吊销、注销等；

（3）虽然有批准或者许可，但批准或者许可是非法的，如以欺骗、贿赂等非法手段获取的批准或者许可；

（4）超过批准或者许可的期限、范围。实践中普遍存在的“边申请、边审批、边开工”等“程序性违法”的情况，即使事后依法取得了批准或者许可，也可以认为依法取得批准或者许可前的阶段属于“未经依法批准或者许可”。

危险作业罪的构成要件包括以下 4 个方面。

（1）危险作业罪的客体是生产、作业中有关安全生产的管理制度和公共安全。危险作业罪规定为危险犯罪，不要求实际发生生产、作业事故，只要“具有发生重大伤亡事故或者其他严重后果的现实危险”，即可成立本罪。危险作业罪不以结果为导向，注重安全生产过程的管控，关口前移，把发生事故的各种因素消灭在萌芽状态。

（2）危险作业罪的客观方面表现为在生产、作业中违反有关安全管理的规定：关闭、破坏直接关系生产安全的监控、报警、防护、救生设备、设施，或者篡改、隐瞒、销毁其相关数据、信息；因存在重大事故隐患被依法责令停产停业、停止施工、停止使用有关设备、设施、场所或者立即采取排除危险的整改措施，而拒不执行；涉及安全生产的事项未经依法批准或者许可，擅自从事危险物品生产、经营、储存等高度危险的生产作业活动。

（3）危险作业罪的犯罪主体为一般主体，凡年满 16 周岁、具有刑事责任能力的自然人均可以构成本罪。

（4）危险作业罪的主观方面是故意。本罪属于故意犯罪。

5. 重大责任事故罪、重大劳动安全事故罪、强令违章冒险作业罪中的“重大伤亡事故”“其他严重后果”“情节特别恶劣”的含义是什么？

（1）具有下列情形之一的，应当认定为重大责任事故罪、重大劳动安全事故罪、强令违章冒险作业罪中的“发生重大伤亡事故或者造成其他严重后果”：

1）造成死亡 1 人以上，或者重伤 3 人以上的；

2）造成直接经济损失 100 万元以上的；

3）造成其他严重后果或者重大安全事故的情形。

（2）具有下列情形之一的，应当认定为重大责任事故罪、重大劳动安全事故罪、强令违章冒险作业罪中的“情节特别恶劣”：

1）造成死亡 3 人以上或者重伤 10 人以上，负事故主要责任的；

2）造成直接经济损失 500 万元以上，负事故主要责任的；

3）其他造成特别严重后果、情节特别恶劣或者后果特别严重的情形。

6.《中华人民共和国刑法》对不报、谎报安全事故罪是如何定罪的？其中“情节严重”和“情节特别严重”的含义是什么？

《中华人民共和国刑法》第一百三十九条之一规定，在安全事故发生后，负有报告职责的人员不报或者谎报事故情况，贻误事故抢救，情节严重的，处 3 年以下有期徒刑或者拘役；情节特别严重的，处 3 年以上 7 年以下有期徒刑。

安全事故发生后，负有报告职责的人员不报或者谎报事故情况，贻误事故抢救，具有下列情形之一的，应当认定为不报、谎报安全事故罪中的“情节严重”。

（1）导致事故后果扩大，增加死亡 1 人以上，或者增加重伤 3 人以上，或者增加直接经济损失 100 万元以上的。

（2）实施下列行为之一，致使不能及时有效开展事故抢救的：

1）决定不报、迟报、谎报事故情况或者指使、串通有关人员不报、迟报、谎报事故情况的；

2）在事故抢救期间擅离职守或者逃匿的；

3）伪造、破坏事故现场，或者转移、藏匿、毁灭遇难人员尸体，或者转移、藏匿受伤人员的；

4）毁灭、伪造、隐匿与事故有关的图纸、记录、计算机数据等资料以及其他证据的。

具有下列情形之一的，应当认定为不报、谎报安全事故罪中的“情节特别严重”：

（1）导致事故后果扩大，增加死亡 3 人以上，或者增加重伤 10 人以上，或者增加直接经济损失 500 万元以上的；

（2）采用暴力、胁迫、命令等方式阻止他人报告事故情况，导致事故后果扩大的；

（3）其他情节特别严重的情形。

五、《中华人民共和国安全生产法》对企业安全生产的要求

1.《中华人民共和国安全生产法》对生产经营单位安全生产基本义务的规定有哪些?

生产经营单位是安全生产的责任主体。《中华人民共和国安全生产法》第四条规定，生产经营单位必须遵守本法和其他有关安全生产的法律、法规，加强安全生产管理，建立健全全员安全生产责任制和安全生产规章制度，加大对安全生产资金、物资、技术、人员的投入保障力度，改善安全生产条件，加强安全生产标准化、信息化建设，构建安全风险分级管控和隐患排查治理双重预防机制，健全风险防范化解机制，提高安全生产水平，确保安全生产。这是关于企业安全生产义务的原则性规定。

2.《中华人民共和国安全生产法》对生产经营单位安全生产的管理要求主要有哪些?

（1）安全生产工作应当以人为本，坚持人民至上、生命至上，把保护人民生命安全摆在首位，树牢安全发展理念，坚持安全第一、预防为主、综合治理的方针，从源头上防范化解重大安全风险。

（2）生产经营单位应当具备本法和有关法律、行政法规和国家标准或者行业标准规定的安全生产条件；不具备安全生产条件的，不得从事生产经营活动。

（3）生产经营单位新建、改建、扩建工程项目的安全设施，必须与主体工程同时设计、同时施工、同时投入生产和使用。安全设施投资应当纳入建设项目概算。

（4）安全设备的设计、制造、安装、使用、检测、维修、改造和报废，应当符合国家标准或者行业标准。

生产经营单位必须对安全设备进行经常性维护、保养，并定期检测，保证正常运转。维护、保养、检测应当作好记录，并由有关人员签字。

（5）生产经营单位不得关闭、破坏直接关系生产安全的监控、报警、防护、救生设备、设施，或者篡改、隐瞒、销毁其相关数据、信息。

（6）生产经营单位不得将生产经营项目、场所、设备发包或者出租给不具备安全生产条件或者相应资质的单位或者个人。

生产经营项目、场所发包或者出租给其他单位的，生产经营单位应当与承包单位、承租单位签订专门的安全生产管理协议，或者在承包合同、租赁合同中约定各自的安全生产管理职责；生产经营单位对承包单位、承租单位的安全生产工作统一协调、管理，定期进行安全检查，发现安全问题的，应当及时督促整改。

3.《中华人民共和国安全生产法》对企业应急管理的要求有哪些？

（1）应急预案的管理要求。《中华人民共和国安全生产法》第八十一条规定，生产经营单位应当制定本单位生产安全事故应急救援预案，与所在地县级以上地方人民政府组织制定的生产安全事故应急救援预案相衔接，并定期组织演练。

生产经营单位是安全生产责任主体，一旦发生生产安全事故，生产经营单位应该首先开展事故救援工作。为了提高应急救援工作的针对性、有效性，防止事故扩大、减少事故人员伤亡和财产损失，生产经营单位制定应急预案具有重要意义。

（2）应急救援组织及装备、器材的规定。《中华人民共和国安全生产法》第八十二条规定，危险物品的生产、经营、储存单位应当建立应急救援组织；生产经营规模较小的，可以不建立应急救援组织，但应当指定兼职的应急救援人员。

危险化学品的生产、经营、储存单位由于其所从事的生产、经营等活动的特殊性，一旦发生事故，将会对人民群众的生命财产安全造成严重损害。一般情况下，危险化学品的生产、经营、储存单位应当建立应急救援组织。一旦发生生产安全事故，应急救援组织能够迅速、有效地投入抢救工作，防止事故进一步扩大，最大限度地减少人员伤亡和财产损失。如果危险化学品的生产、经营、储存单位生产经营规模较小，如小加油站、化工用品零售商店，可以不建立应急救援组织，但应当指定兼职的应急救援人员。兼职应急救援人员平时参加生产经营活动，也应当参加应急救援培训和演练，在发生生产安全事故时能够立即参加应急救援。

危险化学品的生产、经营、储存、运输单位应当配备必要的应急救援器材、设备和物资，并进行经常性维护、保养，保证正常运转。

六、安全生产相关文件对企业安全生产的要求

1. 开展高危细分领域安全风险专项治理的背景是什么？

《“十四五”危险化学品安全生产规划方案》提出构建危险化学品安全治理体系，从18种危险化工工艺目录中选择重点工艺，从74种危险化学品名录和20种特别管控危险化学品目录中选择重点化学品等实施专项整治行动，有效防范重点部位、关键环节安全风险。

为固化深化拓展危险化学品安全专项整治三年行动和安全风险集中治理成效，贯彻落实应急管理部印发的《“十四五”危险化学品安全生产规划方案》，有效防控高危细分领域重大安全风险，坚决防范遏制危险化学品重特大事故，应急管理部印发了《2023年度高危细分领域安全风险专项治理工作方案》，提出持续以提升高危细分领域企业本质安全水平为核心，坚持重点治理、因企施策，深化组合治理措施，健全高危细分领域“2+X”（2为每年必查的硝酸铵和硝化，X为每年视情选定的其他细分领域）安全风险管控长效机制。

同时，开展高危细分领域安全风险管控也是贯彻落实《关于全面加强危险化学品安全生产工作的意见》的具体化，是对危险化学品企业实施精准化安全风险排查评估，对危险化学品重点地区、重点企业分级分类开展精准指导帮扶的有效举措，充分体现了《关于全面加强危险化学品安全生产工作的意见》精准治理的要求。

2. 2023年度高危细分领域安全风险专项治理工作的整体思路和工作要点是什么？

坚持重点治理、因企施策，深化组合治理措施，健全高危细分领域“2+X”安全风险管控长效机制。

（1）组织对硝酸铵生产企业、硝基复合肥生产企业和使用硝酸铵化工企业开展整治落实情况复核，推动硝酸铵生产、硝基复合肥生产及使用硝酸铵生产企业在安全间距、生产和储存安全管控、监测监控设施等方面全面落实五部委《关于进一步加强硝酸铵安全管理的通知》要求。印发硝酸铵安全技术规范标准。

（2）以推动涉及硝化工艺的生产装置实现全流程自动化控制为重点，组织各省份对所有硝化企业开展全覆盖的专家指导服务，部级开展整治落实情况复核。组织制定硝化工艺全流程自动化控制改造工作指南，推广浙江、山东、江苏等地区做法，推动硝化工艺率先完成全流程自动化控制改造；推动新、改、扩建硝化项目优先使用微通道、管式反应器技术，分类推进硝化反应安全风险评估风险等级3级及以上的现有企业开展微通道、管式反应器技术改造。完善硝化安全风险隐患排查指南。

（3）制定液氯、氯乙烯生产企业和过氧化企业安全风险隐患排查指南并组织开展专家指导服务。完善相关标准，推广山东、浙江等地区液氯和氟化氢储存设施封闭化改造经验做法。

（4）组织对丁二烯专家指导服务中发现的隐患整改情况“回头看”，并对部分未开展部级指导服务的企业进行指导服务，督促落实“一企一策”整改要求。调研分析氯酸钠、氯酸钾安全风险并提出管控措施。

（5）印发多晶硅安全生产规范、光气及光气化产品生产安全规程，完善硝酸铵、光气、氟化、有机硅多晶硅、苯乙烯、丁二烯、重氮化等安全风险隐患排查指南，编发解读视频，督促有关企业对标每年至少开展一次由企业主要负责人组织、全员参与的常态化安全风险隐患排查治理，并将企业自查自改情况纳入地方应急管理部门执法检查范围。指导有关行业协会组织召开安全技术交流会，观摩学习先进企业安全管理做法，形成定期交流工作机制。

（6）组织摸排在危险化学品登记系统注册登记的化学原料药生产企业情况，实施清单化管理，加强化学原料药生产企业安全风险管控。

3. 如何构建高危细分领域安全风险防控长效机制？

应急管理部就推动建立高危细分领域安全风险防控长效机制提出如下要求：

（1）地方各级应急管理部门指导辖区内涉及高危细分领域的化工和危险化学品生产、使用企业，对照有关安全风险隐患排查指南，每年至少开展一次全面排查，在全面排查的基础上，建立“两个清单”（隐患问题清单和整改措施清单），并按照整改时限要求完成整改闭环。要将上述要求纳入本企业安全风险隐患排查治理制度，运用信息化手段如实记录。有关中央企业要强化总部监管责任落实，推动下属企业全面落实主体责任，认真做好安全生产工作。

（2）各级应急管理部门将高危细分领域企业作为日常监管、执法检查的重点对象，将企业对照安全风险隐患排查指南开展自查自改、隐患问题整改闭环情况等纳入执法检查范围。对硝酸铵、硝化企业，至少每年实施一次全覆盖检查；对其他高危细分领域企业，至少每三年实施一次全覆盖检查。

思考题

1. 班组长如何做好本班组成员法治意识教育？
2. 班组长如何做好本班组作业现场隐患管理工作？

第二节　全员安全生产责任制

一、全员安全生产责任制的落实

1. 全员安全生产责任制的含义是什么？

全员安全生产责任制是根据我国“安全第一、预防为主、综合治理”的安全生产方针和安全生产法规建立的覆盖企业各级领导、职能部门、工程技术人员、岗位从业人员在劳动生产过程中对安全生产层层负责的制度，是落实企业主体责任的重要抓手，是企业岗位责任制的细化，是企业最基本的一项安全管理制度，同时也是企业安全生产、劳动保护管理制度的核心。《中华人民共和国安全生产法》第四条规定，生产经营单位必须遵守本法和其他有关安全生产的法律、法规，加强安全生产管理，建立健全全员安全生产责任制和安全生产规章制度。做好企业安全生产不是某个人、某些人的事情，而是企业全体员工的共同责任。大量生产安全事故表明，人的不安全行为、物的不安全状态以及管理上的缺陷都与岗位责任制存在“空档”、相关人员岗位责任制履行不到位有关。建立健全全员安全生产责任制，就是要求企业各个层级人员都有相应的安全职责并对照落实。只有一级对一级负责，切实履行好各岗位、各人员的安全职责，才能做到各自岗位的安全，真正实现企业的安全生产。

2. 如何落实全员安全生产责任制？

落实全员安全生产责任制，首先就要从企业主要负责人的责任制落实开始，做到自上而下，一级做给一级看；自下而上，一级向一级负责。企业应从以下几方面做好责任制的落实工作。

（1）各级领导特别是企业主要负责人要认真按照法律要求履行好自己的安全职责，并自觉接受员工和工会的监督、考核。

（2）各层级领导要在企业主要负责人统一领导下，对照自己的安全职责，切实按照“管业务必须管安全”的原则履行好自己的职责，并定期向主管领导汇报。

（3）各级管理人员要立足于本岗位，按照“管业务必须管安全”的原则和规定的职责要求，做好分内工作。

（4）各企业安全管理人员在做好自身安全责任制履行的基础上，组织做好企业各职位、各岗位安全责任制的考核工作，并纳入部门、个人绩效的考核范围，对责任制履行不到位、考核结果排名靠后的部门及人员及时向主要负责人和分管安全负责人报告。

（5）建立每个岗位的安全生产职责清单，对照清单落实责任。

（6）要结合安全责任制落实过程中暴露出的问题，及时修正安全责任制。企业至少每3年应对安全生产责任制进行一次全面修订。

二、班组长的安全职责及履责措施

1. 班组长的安全职责主要有哪些?

《中华人民共和国安全生产法》规定了从业人员的法定职责，班组长作为一线生产岗位“兵头将尾”，首先要履行从业人员的一般职责。同时，作为基层管理者，应履行好相应的管理职责。

(1) 根据《中华人民共和国安全生产法》的规定，从业人员的一般职责有以下几方面。

1) 熟悉岗位危险有害因素的职责。有权了解其作业场所和工作岗位存在的危险因素、防范措施及事故应急措施。

2) 自觉接受培训教育的职责。自觉接受安全生产教育和培训，掌握本职工作所需的安全生产知识，提高安全生产技能，增强事故预防和应急处理能力；从事特种作业的员工，应经考核取得上岗资格证后，方可上岗作业。

3) 遵章守纪的职责。在作业过程中，自觉落实岗位安全责任，遵守本单位的安全生产规章制度和操作规程，服从管理，正确佩戴和使用劳动防护用品。

4) 排查隐患的职责。发现事故隐患或者其他不安全因素，应当立即向现场安全生产管理人员或者本单位负责人报告。在发现直接危及人身安全的紧急情况时，有权停止作业或者在采取可能的应急措施后撤离作业场所。

5) 参与企业安全管理的职责。有权对本单位安全生产工作中存在的问题提出批评、检举、控告。

6) 拒绝违章指挥的职责。有权拒绝违章指挥和强令冒险作业。

7) 做好自救互救的职责。

(2) 班组长应履行的管理职责有以下几方面。

1) 带领全班实现安全生产的职责。通过合理组织、协调岗位员工，共同配合，实现当班期间的安全生产。

2) 配合做好特殊作业现场管理的职责。对当班期间开展的特殊作业活动，要做好监督和管理工作，保证好生产现场安全条件，配合作业人员完成作业。

3）做好交接班的职责。严格执行企业的交接班制度，做到生产工况、异常情况、检维修、应急设施、外来人员等方面的交接。对重要操作可以采用“手指口述”操作法，当班工作结束时，班组长向下一班班组长进行手指口述交接班，将当班任务完成情况、未处理完的隐患和需要注意的问题，向下一班班组长交代清楚。

4）开展隐患排查的职责。参与厂、车间组织的隐患排查工作，并跟踪隐患整改情况。

5）抓好现场管理的职责。按照企业管理规定，做好现场安全设施的维护管理工作。

6）组织班组学习，提升员工素质的职责。班组长要定期组织开展班组活动，学习法规、交流技能、分享经验，不断提升班组员工的法律意识和操作技能。

7）督促员工安全操作的职责。班组长要督促岗位员工自觉履行岗位职责，对于危险作业，要监督员工作业过程的正确性，及时制止员工的违章行为，防止事故发生。

8）及时报告的职责。在发生意外、出现险情时，班组长应立即上报。

9）保证人身安全的职责。在发生意外、出现险情时，班组长应果断决策，在采取可能的应急措施后安排当班人员撤离，避免发生人身伤亡事故。

10）关心员工身心健康的职责。班组长要注重观察当班员工在工作中的思想情绪，发现情绪不正常、急躁、精力不集中或神情恍惚等问题时，及时谈心交流，找出原因，帮助解决困难和思想问题，使其保持良好心态投入工作，提高安全生产的注意力，防止违章。

（3）对于车间主任而言，还承担着重大危险源操作负责人的包保职责。根据《危险化学品企业重大危险源安全包保责任制办法（试行）》的规定，重大危险源的操作负责人，应当由重大危险源生产单元、储存单元所在车间、单位的现场直接管理人员担任，例如车间主任。

重大危险源的操作负责人，对所包保的重大危险源负有下列安全职责：

1）负责督促检查各岗位严格执行重大危险源安全生产规章制度和操作规程；

2）对涉及重大危险源的特殊作业、检维修作业等进行监督检查，督促落实作业安全管控措施；

3）每周至少组织一次重大危险源安全风险隐患排查；

4）及时采取措施消除重大危险源事故隐患。

2. 如何理解重大危险源操作负责人的安全包保职责要求？

根据《危险化学品企业重大危险源安全包保责任制办法（试行）》的规定，重大危险源的操作负责人，应当由重大危险源生产单元、储存单元所在车间、单位的现场直接管理人员担任，例如车间主任。重大危险源安全包保责任制对操作负责人共提出了4项职责要求，主要体现在操作负责人从安全操作上保障重大危险源安全运行的责任方面。保证自己管辖范围内的重大危险源安全是操作负责人在技术负责人的指导下，辅助主要负责人做好企业安全生产的第一要务，也是落实企业安全生产主体责任的重要抓手。

作为重大危险源操作负责人，车间主任主要是在主要负责人、技术负责人统一领导下，督促检查重大危险源包保相关具体工作的执行，并定期开展安全风险隐患排查、采取措施消除重大危险源事故隐患。

（1）负责督促检查各岗位严格执行重大危险源安全生产规章制度和操作规程。《危险化学品重大危险源监督管理暂行规定》第十二条规定，危险化学品单位应当建立完善重大危险源安全管理规章制度和安全操作规程，并采取有效措施保证其得到执行。第十七条规定，危险化学品单位应当对重大危险源的管理和操作岗位人员进行安全操作技能培训，使其了解重大危险源的危险特性，熟悉重大危险源安全管理规章制度和安全操作规程，掌握本岗位的安全操作技能和应急措施。企业要建立完善重大危险源安全管理规章制度和安全操作规程，并由操作负责人对岗位人员进行安全操作技能培训，严禁操作人员违章作业。

在重大危险源场所的定时巡检方面，《危险化学品企业安全风险隐患排查治理导则》中明确规定，涉及“两重点一重大”的生产、储存装置和部位的操作人员现场巡检间隔不得大于1 h；基层车间（装置）直接管理人员（工艺、设备技术人员）及电气、仪表人员每天至少两次对装置现场进行相关专业检查。

（2）对涉及重大危险源的特殊作业、检维修作业等进行监督检查，督促落实作业安全管控措施。特殊作业、检维修作业等高风险作业，由于操作过程中安全风险较大，容易发生人身伤亡或设备损坏，近年来已多次发生具有严重后果的事故。《化工和危险化学品生产经营单位重大生产安全事故隐患判定标准（试行）》将“未按照国家标准制定动火、进入受限空间等特殊作业管理制度，或者制度未有效执行”和“特种作业人员未持证上岗”判定为重大生产安全事故隐患。

《危险化学品企业安全风险隐患排查治理导则》规定了对于安全风险较大的设备检维修作业，应由企业合理确定安全措施，并加强监督检查，督促落实作业安全管控措施。

操作负责人要及时掌握管辖范围内存在的特殊作业和风险较大的其他作业实施情况，监督作业人员遵章作业以及监护人员的在岗在位，防止重大危险源场所在开展高风险作业时发生意外事故。

（3）包保责任制中操作负责人职责第三条和第四条都是要求操作负责人要定期组织开展隐患排查，及时消除事故隐患，落实《中华人民共和国安全生产法》要求的风险分级管控和隐患排查治理工作。

风险是动态的，因此隐患也是动态出现的。《危险化学品企业安全风险隐患排查治理导则》明确了企业要组织开展全过程、全方位、全员参与的隐患排查治理工作。《危险化学品重大危险源监督管理暂行规定》第十六条规定，危险化学品单位应当对重大危险源的安全生产状况进行定期检查，及时采取措施消除事故隐患；事故隐患难以立即排除的，应当及时制定治理方案，落实整改措施、责任、资金、时限和预案。

涉及重大危险源的生产、储存装置和部位除操作人员需要按照规定频次做好巡检巡查外，各个层级的包保负责人也需要分别组织相应的隐患排查工作，其中操作负责人要做到每周组织一次排查。排查的重点是工艺运行稳定性情况、工艺指标符合性情况、交接班规定执行情况、开展特殊作业情况、变更情况以及“三违”现象查处情况等。通过不间断、多频次的隐患排查，将隐患消灭在萌芽之中。

《中华人民共和国安全生产法》第四十六条规定，生产经营单位的安全生产管理人员在检查中发现重大事故隐患，应向本单位有关负责人报告，有关负责人不及时处理的，安全生产管理人员可以向主管的负有安全生产监督管理职责的部门报告，接到报告的部门应当依法及时处理。对重大危险源包保责任人而言，操作负责人同样有责任对发现的重大隐患及重大风险问题及时报告给技术负责人和主要负责人，主要负责人不及时处理的，也可以直接报告当地应急管理部门。对确实不具备整改条件的，操作负责人应组织进行安全风险分析，从工程控制、安全管理、个体防护、应急处置及培训教育等方面拟定管控措施，上报技术负责人进行审查，并按照审批的方案采取措施，防止生产安全事故的发生。

3. 班组长如何履行好自己的安全职责?

（1）班组长履行好自己的安全职责，要从以下几方面做起。

1）不断提高自身业务素质。班组长既是全班的“头”，同时还是每个操作岗位的“备员”。因此要求班组长必须全面熟悉、掌握各岗位操作技能，在岗位人员不足情况下，能够顶得上去。班组长要掌握“五懂”“五会”“五能”。“五懂”，即懂工艺技术、懂危险特性、懂设备原理、懂法规标准、懂制度要求；“五会”，即会生产操作、会异常分析、会设备巡检、会风险辨识、会应急处置；“五能”，即能遵守工艺纪律、能遵守安全纪律、能遵守劳动纪律、能制止他人违章、能抵制违章指挥。

2）发挥自身的示范作用。班组长是一级管理者，因此首先应起示范带头作用，带头遵章守纪，安全操作，履行岗位职责。用自己的行动影响班组其他员工，实现安全生产。

3）大胆管理。班组长要确保当班期间的安全生产，对当班期间出现的违章现象要及时指出，对不服从管理的人员要及时报告上级领导，不能做“老好人”。

4）加强指挥决策能力和应急能力建设。在出现险情时，采取果断措施，做好自救互救，保证人员安全。

5）认真做好交接班。接班信息清晰是保证当班期间安全生产的基础，交班信息清晰是准确理清安全责任的重要环节。

6）发挥团结协作精神。团结全班员工集体力量，掌握员工心理，消除员工后顾之忧；与上一班、下一班人员做好协作，共同保持生产工况的运行稳定。

7）做好“三快”和“三勤”。

“三快”，即嘴快、腿快、手快。嘴快就是安排工作说到、说详、说细、说清、说明，发现工作不到位或哪里容易出现问题就及时提醒。腿快就是认真落实“三不少”制度，对班组所管的范围，不厌其烦地巡回检查，每个环节、每台设备都及时检查到位。手快就是无论到哪个地方，发现隐患和问题，现场能处理的当即处理，处理不了的及时汇报。

“三勤”，即勤动脑、勤汇报、勤沟通。勤动脑就是要求班组长要结合生产现场实际，对遇到的困难和问题勤思考，灵活运用各种方法，迅速组织处理。勤汇报就是对发现的隐患和问题，尤其是有可能影响下一班安全生产的，及时向上级汇报，使上级在第一时间能掌握生产一线的工作动态，合理分工，科学调度，统筹安排。勤沟通就是要经常与上级领导沟通，与上一班和下一班人员沟通，了解生产过程中存在的问题。

（2）对于担任重大危险源操作负责人的班组长而言，要履行好操作负责人包保职责，做到以下几点。

1）能力要求。班组长既需要管理能力，更需要专业知识。

2）抓好本班操作员工的遵章守纪工作，要求岗位员工高度重视安全操作规程的重要作用，开展安全操作规程知识培训，并做到严格遵守安全操作规程，坚决查处“三违”行为。在重大危险源装置运行中，要督促操作人员认真按照安全操作规程中明确的工艺参数范围控制运行工况，严禁出现超温、超压、超液位运行的情况，及时处理报警信号，保持工况平稳。要加强交接班管理，明确交接班内容，防止交接班时重要信息的遗漏。

3）抓好涉及重大危险源的特殊作业、检维修作业安全监督检查，按照《危险化学品企业特殊作业安全规范》（GB 30871—2022）的规定，落实安全风险管控措施；对任命的现场监护人员加强检查，严禁无监护作业。

操作负责人处于生产管理第一线，对隐患排查治理工作及“三违”现象要亲自抓、亲自查，对排查出的隐患问题要拟定整改方案并督促落实。在重大隐患整改方案制定过程中，要科学、细致编制方案，确保方案的可行性和可靠性。

思考题

1. 如何理解全员安全生产责任制的含义？
2. 班组长如何带领班组员工做好安全生产？

第二章 班组长与安全生产

第一节 班组长在安全生产中的作用及素质要求

一、班组长在安全生产中的作用

1. 班组长在企业安全管理中的地位及作用是什么？

（1）班组长的地位。班组长在企业安全管理中具有职位不高、决策不少、技术很强、责任很大等特点。

班组长在安全管理中的定位是领导者，是基层安全负责人，是班组安全指挥员；班组长是班组安全管理者；班组长是班组安全执行者，是班组安全落实员。

在实际工作中，领导层的决策做得再好，如果没有班组长的有力支持和密切配合，没有一批得力的班组长来组织开展工作，那么领导层的政策就很难落实。班组长既是班组活动的执行者和参与者，也是班组活动的组织者和管理者，集“兵”与“将”的双重职责于一身，在班组建设中具有重要的意义。

（2）班组长在安全管理中的作用。

1）落实安全制度，执行班组安全操作规程、制度、标准。

2）保障职业安全健康，防范生产过程各类事故以及职业病的发生。

3）带头遵章守纪，发挥遵纪守法、带头示范的作用。

4）报告事故隐患，及时报告事故和排查事故隐患。

2. 哪些因素会导致班组长安全工作决策失误？

（1）目标偏向。安全工作决策有悖于企业和车间的安全生产方针政策，局部利益与整体利益关系错位，名曰创造性开展工作，实则搞“上有政策，下有对策”，安全工作决策目标互相冲突，相互抵消。

（2）违反程序。不按决策方法、步骤行事，凭借班组长个人的知识、经验、智慧等进行“拍脑袋”决策，实施决策过程中也不组织必要的跟踪检查和目标修正，安全工作决策目标残缺、难以操作。

（3）信息不畅。无视经济全球化、科技现代化的发展趋势，对纷繁复杂、瞬息万变的客观情况知之不多或不闻不问、反应迟缓、自我禁锢，依思维定式闭门造车。

（4）授权紊乱。分层决策时，或是给予员工权力不当，或是参与了本应由员工负责的决策，或是把自己的决策职责无原则地推给车间和企业领导，使安全工作中上下决策渠道混乱、职责不清。

（5）缺乏自信。受自身知识、能力和工作阅历等因素的局限，安全工作决策时瞻前顾后、优柔寡断、久拖不决、当断不断，有时甚至束手无策、人云亦云，导致安全工作决策错过最佳时机。

（6）感情失控。用个人的喜怒哀乐取代组织原则，对上级唯唯诺诺、趋炎附势，盲目迎合领导意图；对员工居高临下、头脑发热、急于求成。难以左右逢源时，则采取折中或妥协的方式进行迁就。

（7）自视清高。总认为自己的水平比同级或员工高，他人的意见不如自己的意见正确，即使在自己的意见被实践否定之后，仍一味强调客观，固执己见，自我感觉良好。

（8）急于求成。当班组长被调到新的班组或陌生的工作领域时，不是深入调查研究，而是上任伊始就急于烧“三把火”，盲目拍板表态，或是信口否定前任工作，刻意标新立异，追求晋升“政绩”。

（9）权欲膨胀。为了达到个人目的，倚恃自己的资历或特殊地位，主观武断、一意孤行，将自己的主观意见强加于班组或其他人员之上，使班组集体研究重大安全问题流于形式。

（10）监督乏力。班组安全工作决策机制滞后于形势发展需要，安全工作决策制度不够健全，安全工作决策实施发生偏差时没有调控手段，决策者决策失误无责任追究或大事化小、小事化了，整个安全工作决策过程处于无序状态。

二、班组长的素质要求

1. 班组长应具备什么样的素质？

（1）思想政治素质。具有较强的事业心和责任感，是当好班组长的首要条件。安全生产，人命关天。安全管理工作是一项非常实际的工作，容不得半点马虎和虚假。因此，班组长要有高度的责任心和认真负责的工作态度。

（2）专业技能素质。具有较强的专业技能，熟悉有关的安全法规和制度规程，是当好班组长的重要条件。俗话说“打铁先得自身硬”。班组长虽职位不高，但他是班组的“脊梁”。这就要求班组长具有过硬的专业技能，熟悉生产工艺，有丰富的生产实践经验，熟练掌握所从事的岗位技术。另外，班组长应熟悉有关的安全法律、法规，懂得劳动保护和安全技术知识，具备辨别危险、控制事故的能力。

（3）组织管理素质。具有一定的组织和管理能力，能带领和团结员工进行安全生产，是当好班组长的基本要求。班组长应掌握科学的管理方法，并具备一定的组织能力，保障班组安全生产顺利进行，努力提高班组整体管理水平和员工业务技能。

（4）文化素质。具有一定的科学知识，是当好班组长的文化基础。科学知识是提高业务能力的基础。安全生产是一门综合性科学，需要多方面的知识。有了一定的科学知识，才能适应现代安全管理的需要。

（5）心理、身体素质。能团结员工，身体素质良好，是当好班组长的必要条件。班组长在班组中充当“员工的知心人”的角色，因此要善于与员工交流沟通，能够了解员工的心理，调动员工的工作积极性。当然，班组长还要具有良好的身体素质，带头完成安全生产任务，这是做好班组长本职工作的前提和保障。

2. 班组长应具备什么样的安全管理能力？

（1）发现事故隐患的能力。班组长在工作中能不能见微知著，及时发现存在的问题，是对班组长水平高低的实际检验。这就要求班组长通过安全技术知识的积累和实践的锤炼，不断提高发现事故隐患的能力。

（2）查找事故发生原因的能力。只有对事故的发生进行全方位的研究，才能查明引起事故的原因。要把同类事故进行横向比较，分析不同地方发生同类事故的不同原因。研究事故发展过程，分析事故发展的轨迹，把握其发展趋势。

（3）制定反事故对策的能力。为了提高班组长反事故的能力，要坚持把学习放在第一位，以强烈的学习热情，深入钻研安全技术理论，广泛涉猎管理学、组织行为学、工业心理学等与安全有关的各种知识，勤于潜心思考钻研，不断提高制定反事故对策的能力。

（4）提高对事故预控的能力。学习安全技术理论知识，落脚点是提高对事故预控的能力。一是要有强烈的工作责任心，不断强化敬业意识和安全责任意识；二是要有脚踏实地的工作态度，结合实际需要，提出切合实际的安全预控方法；三是要有科学求实的工作方法，不断提高安全工作的标准和质量；四是要自觉克服安于现状、不思进取的思想观念，积极探索，顽强攻关，不断提高事故预控的能力。

3. 如何提升班组长的安全管理能力？

（1）建立机制。制定相关机制，包括任用机制、管理机制、激励机制等。

明确班组长任用标准条件、产生方法和聘任方法，选择具有组织能力和安全意识强、思想觉悟高、有责任心、团结同志、技能过硬以及丰富的安全和职业卫生知识的人员；完善班组长岗位责任制，制定聘用和解聘条件、程序；建立定期的思想汇报、工作总结制度；实行班组长定期考核、诫勉谈话和末位淘汰机制；把班组长纳入企业后备管理人才队伍培养计划，积极从优秀班组长中选拔管理人员，营造班组长竞争机制。

（2）技能提升。班组长的安全技能提升可以从以下几个方面进行。

1）业务管理技能。业务管理技能包括生产现场管理、生产质量管理、生产安全管理、生产计划管理以及生产成本管理。

2）人员管理技能。人员管理技能包括督促下属、激励下属、提高下属士气、提高工作效率以及班组团队建设。

3）资源管理技能。资源管理技能包括现场作业管理、物料搬运管理、生产浪费管理以及生产设备管理。

4）自我管理技能。自我管理技能包括角色认知、时间管理、压力管理以及心态建设等方面。

思考题

1. 班组长如何正确处理员工在安全工作中的过失？
2. 班组长如何管理好班组安全？

第二节　班组建设与交接班管理

一、班组建设

1. 班组建设主要包括哪几个方面内容？

班组建设归纳起来主要有4个方面，即思想建设、组织建设、制度建设和业务建设。

（1）思想建设。班组的思想建设属于精神文明建设的范畴。一般把班组对成员进行理想、道德和纪律教育，把班组建设成一支思想好、作风硬、有干劲、讲文明、懂礼貌的团结战斗集体的全过程，称为班组的思想建设。

1）有计划地组织班组员工开展政治学习，教育员工自觉拥护党的方针政策，遵纪守法，遵守员工守则，继承优良传统，发扬主人翁精神。

2）开展民主生活会、家访谈心、劳动竞赛等班组活动。建设良好的班风，转化后进，表扬先进，树立市场竞争意识和创新进取精神，使班组适应改革变化的新情况，为保证完成生产任务、建设物质文明提供精神动力。

（2）组织建设。班组的组织建设是指班组长的选配、班组核心的组成、职责与任务以及会议制度的合理组织、制定、贯彻、提高的过程。

1）选任班组长，确立班组长的领导地位，并推选事业心强、热心为群众服务、大公无私、技术水平高、有组织能力的人组成班组核心。通过核心成员的作用，使班组全体成员同心协力完成各项任务。

2）设立和健全员工民主管理员，制定其职责并发挥作用。同时要明确其他班组成员的职责任务，把班组工作落实到每个人，使班组工作制度化、程序化。

3）健全班组会议制度。班组应召开哪些会议、会议的内容、会议的参加对象、会议的主持人、会议日期等都要明确下来，并定期召开。

（3）制度建设。班组规章制度是班组在生产经营等活动中共同遵守的规范和准则。通常把班组制定、执行和完善制度的过程定义为班组的制度建设，如图 2-1 就是一般班组制度的内容。

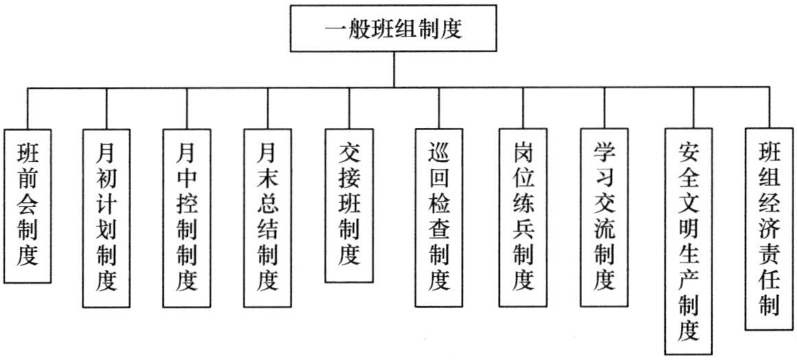

图 2-1　一般班组制度

班组的这些制度一般会以文件的形式印发，让员工学习并执行；有的还张贴上墙，时刻提醒班组成员按制度办事。例如，班前会制度，班前会是指利用上午上班的前一段时间，全班员工集合在一起、互相问候、交流信息和安排工作的一种管理方式。班前会在很多企业推行的时候，常存在一些认识误区，见表 2-1。

表 2-1　　班前会的认识误区

序号	班前会的认识误区
1	谁有没有来，一看就知道，何必开早会呢
2	把指示传达到位就行了，何必开早会呢
3	听那么多与我无关的事，浪费时间
4	在告示板上张贴就行了
5	这么短的时间，什么事也说不清楚
6	开早会的时间，可以多做好几个产品呢

存在班前会认识误区的根本原因，是因为没有认识到班前会在班组管理中的重要性，召开班前会的六大好处见表 2-2。

表 2-2　　班前会的好处

序号	班前会的好处
1	有利于团队精神的建设
2	培养全员的文明礼貌习惯
3	及时交流与传递信息
4	提高工作布置效率（做什么，如何做，重点在哪里）
5	提高大家的表达能力和沟通能力
6	养成遵守规定的习惯

通常班前会由班组长主持，也可以由班组长指定骨干人员主持。班前会的议程见表 2-3。

（4）业务建设。班组的业务建设是指班组在生产经营活动中，通过不断学习，增强班组计划、组织、指挥、协调和控制能力的过程。班组的业务建设包括生产管理、技术管理、经济活动、质量管理、设备工具管理、劳动管理、安全文明管理、原始记录和台账管理、推进班组管理现代化等工作。班组的业务建设是企业各项专业管理的重要组成部分。班组进行这项工作时需要得到企业专业管理部门的支持、帮助和指导。

表 2-3　　班前会的议程

序号	班前会的议程
1	发出号令，集合人员
2	人员报数点到（通过报数声音确认人员精神状态）
3	总结昨天的工作
4	传达今天的生产计划和基本活动，说明注意事项
5	传达公司（或车间）的指示事项
6	鼓舞人员工作干劲
7	宣布一天工作的开始

注：需要把班前会事项传达到轮班而未参会的员工。

2. 做好班组安全管理的方法有哪些？

（1）制定完善的班组管理制度。有制度才能规范地管理，并且这个制度应是切实可行的。

（2）召开班前班后会。班组开工前 15 min，召集大家开班前会，一是可以布置工作任务；二是做警示教育，设想如何避免在今天的工作中可能会遇到的安全风险；三是提醒员工，切记在工作中使用安全帽、护目镜、安全带等个体防护用品。一天工作结束后，花 15 min 交流总结今天遇到的问题、解决的办法，并提醒其他员工注意。

（3）构建网上信息平台。让每一位员工参与到企业查找隐患的工作中来，一旦发现隐患，立即发布到平台上，实现信息共享，并落实到专人负责，限时整改。根据给企业带来的实际效用，对发现隐患的员工给予一定的奖励，提高员工的积极性。

（4）提高一线员工的整体素质。事故的发生往往是一些小问题引起的，并且员工的素质参差不齐，所以特别需要加强安全教育培训，增强他们的岗位认识，提高安全意识，将事故消除在萌芽状态。

（5）加强人文关怀。企业领导、班组长要多与一线员工沟通交流，可以是在工作时间，也可以在业余时间。关心他们的工作、生活情况，有什么困难并尽可能帮助解决，给员工家的感觉。这样，每位员工才会树立“企业是我家，安全靠大家”的观念，更认真地为企业付出。

（6）生产工作中，班组长要不断地对员工进行安全意识的暗示，这种暗示要在言谈举止中进行，且不要让员工感到反感。

（7）运用安全行为科学做好班组安全管理工作。

安全行为科学是在社会学、心理学、生理学、人类学、文化学、经济学、语言学、法律学等学科基础上发展起来的，是分析、认识、研究影响人的安全行为因素及模式，掌握人的安全行为规律，以实现激励安全行为、防止行为失误和抑制不安全行为的应用性科学。

表扬、奖励和批评、惩罚是企业管理的主要方法，也是安全管理的有效手段。“表扬、奖励”起着正面引导的作用，激励员工上进；“批评、惩罚”可以起到劝阻和警告作用，避免再次发生或少发生错误行为。运用奖惩方法要做到以下 4 个方面。

1）坚持以正强化为主，即表扬与批评相结合，以表扬为主的原则，激发员工主动精神，把安全生产的目标作为一种自觉行为。

2）利用“对期望行为的强调”行为科学手段，即要注意表扬与批评、奖励与惩罚的目的性。

3）实事求是。运用奖惩这一方法，必须注意准确性，不论是采取表扬、奖励的正强化，还是采取批评、惩罚的负强化，都必须在调查研究的基础上，做到实事求是、恰如其分、力求准确。

4）因人而异，形式多样。运用奖惩这一强化激励方法，要注意从不同对象的心理特点出发，采取不同的方式和要求，要讲究时效性，注意对象和个体心理差异。

3. 如何开展标准化班组建设？

标准化班组建设是指企业依据有关安全生产法律法规、行业标准及企业规章制度等制定具有岗位针对性的标准化行为规范，通过对标准化行为规范和标准化作业的落实开展班组安全建设工作。

标准化班组建设能够将班组大量重复性工作用最佳的处理方案确定下来，是一项安全投入少、安全效益高的科学方法。标准化班组建设的主要内容有以下

3 项。

（1）组织管理标准化。建立班组长、兼职安全员和每位员工的安全生产责任制，使每一项安全生产工作与每一位员工挂起钩来，完善安全操作规程，制定班组安全生产教育、培训、检查、考核、评比、奖惩制度等，内容详细，可操作性强。

（2）现场管理标准化。同工种作业环境要做到规范、一致，作业现场基础设施完善、整洁、卫生，安全标志醒目、针对性强，现场布置合理，设备完好，安全防护设施、报警装置齐全可靠，安全通道畅通，工作条件良好。

（3）安全操作规程管理标准化。各工种有科学的安全操作规程，每个岗位按操作程序、动作标准进行标准化作业。

通过开展标准化班组建设，促进班组建立良好的安全工作秩序和生产环境，调动班组安全生产管理的能动性，减少违章，消除隐患，提高人-机-环境系统本质安全化水平，有效地预防事故。

4. 如何提升班组安全管理水平？

班组是企业安全生产的基层组织，处于企业安全生产的最前沿。随着经济建设的快速发展，企业的安全生产工作逐步得到加强。但是，企业员工伤亡事故和职业危害严重的状况还没有根本改变。根据大量事故统计，98%以上的事故发生在生产班组，90%以上的事故是由于违章指挥、违章作业、违反劳动纪律及设备隐患未能及时发现和消除等人为因素造成的。因此，将企业安全管理重心下移，加强班组安全管理工作，使安全生产责任真正落实到每位员工身上，增强其责任感，就能有效地减少各类伤亡事故的发生，提高企业的安全生产管理水平。

提升班组安全管理水平，应做好以下几项工作。

（1）加强班组长管理。班组长作为企业最基层的管理者，其自身素质和管理能力在很大程度上决定了班组的安全管理工作。要认真做好班组长的选聘工作，通过公开竞争和择优选聘等方式将最合适的人才选拔到适合的岗位上。要定期对班组长进行安全培训，提高班组长的业务能力和安全操作技能，增强安全意识和管理水平。

（2）建立完善安全管理制度。班组应建立安全会议制度、隐患排查治理制度、班组和各岗位安全评估制度、安全检查与奖惩制度、班组学习培训制度、现场安全文明生产制度、安全举报制度、员工安全权益维护制度等。用制度管人、管事，做到安全监管有章可循，同时要采取切实有效的措施确保制度的落实，做到有章必循，违章必究。企业对班组安全生产工作应每月进行一次集中考核，并将考核结果作为年度班组长、班组员工评优评先、工资奖金分配的依据之一。

（3）推行班组安全风险预控。在班组醒目位置，按照岗位危险严重程度设立红、黄、蓝三色预警标识和危险有害因素告知牌。利用班前会，组织员工对不同岗位存在的危险、危害因素进行辨识，让员工了解生产中存在的危险、危害因素，以及由此所引起的后果，落实相应的安全防范措施。做好安全交底，使班组的危险点预控工作落到实处。做到安全注意事项不讲明不上班、责任不明确不上班。在危险源辨识、风险评估的基础上，制定各岗位、各工种的安全工作程序和工作标准，实行风险超前预控，提高员工对生产作业中出现的各种不安全因素的认知防范和救援能力。

（4）完善班组安全信息管理。班组要建立健全安全信息管理系统，认真做好班前会和班后会安全信息记录和生产、施工等作业记录。认真填写安全检查、安全交底、隐患排查治理等信息，提高班组安全信息基础管理水平。做好班组交接班工作，上一个班组工作结束后，必须和下一个接班班组现场做好交接班。要填写好交接班日志，把相关安全生产原始记录交接清楚，防止问题不明、措施不当而危及生产安全。

（5）加强班组安全教育培训。加强班组安全知识和岗位技能培训，班组长和班组所有成员须经培训考核合格后，方可上岗，特殊工种要做到持证上岗。严格新员工的岗前安全培训和班组安全教育，做到应知应会。经常开展岗位技术练兵和事故应急演练，提高员工的安全生产技能。要积极开展形式多样、体现班组特色的安全文化活动，增强安全生产法治意识，强化先进的安全生产理念，落实员工、群众安全生产知情权、参与权、监督权和举报权。培养和弘扬班组团队精神，做到工作相互支持，密切配合，工序衔接，协调无误。

（6）加强班组现场安全管理。加强现场设备设施定置管理，及时清理现场垃圾、废品、油渣等杂物，保持岗位清洁、有序。切实改善工作环境，生产作业现场整洁有序，物资工具堆放整齐，安全通道畅通，安全标志明显，安全管理制度和安全操作规程张贴上墙。完善设备管理标识，明确管理责任。班组使用的各种设备、设施必须做到无隐患，安全防护设置齐全可靠。加强现场安全监护，督促员工在工作期间佩戴并正确使用劳动防护用品。

（7）开展班组安全技术革新。鼓励员工广泛开展安全生产小发明、小创造、小改造等安全技术革新和管理创新实践活动。为提高员工实践技能和业务素质提供服务平台。鼓励员工立足岗位进行技术创新和技术革新，努力营造学技术、钻业务、争先进、保安全的浓厚氛围。不断引进先进技术，提高安全监测水平，提升安全管理模式，切实维护员工的安全和健康。

5. 企业“6S”现场管理的定义和内容是什么？

（1）企业“6S”现场管理是指由班组长主要负责，对生产环境实施“整理（seiri）、整顿（seiton）、清扫（seiso）、清洁（seiketsu）、素养（shitsuke）、安全（security）”的“6S”现场安全管理。

（2）企业“6S”现场管理包括以下 6 方面内容。

1）整理。区分物品的用途，清除不用的东西，腾出空间，空间活用，防止误用，营造清爽的工作场所。

2）整顿。把留下来的物品依规定位置摆放，放置整齐并明确标示。工作场所的物品放置应一目了然，减少寻找物品的时间，消除过多的积压物品，保证现有资源的最大化使用。

3）清扫。将工作场所内看得见与看不见的地方清扫干净，使员工心情舒畅，时刻保持良好的工作状态。

4）清洁。维持整理、整顿、清扫的成果，制度化，规范化。

5）素养。每位员工养成良好的习惯，并遵守相关规则，培养“习惯好、守规则、团队精神感强”的员工。

6）安全。重视全员安全教育，强化“安全第一”的观念，防患于未然，建立起安全生产的环境，让每一位员工尽量在安全的环境中工作。

6. 班组安全色彩管理的含义及类别有哪些?

（1）班组安全色彩管理是指主要采用安全色、对比色、安全色与对比色相间条纹，规范安全色彩管理制度，实施安全色彩管理。

（2）安全色类别。

1）红色：表示禁止、停止、危险以及消防设备，凡是禁止、停止、消防和有危险的器件或环境应涂以红色标记作为警示信号。

2）黄色：表示提醒人们注意。凡是警告人们注意器件、设备及环境都以黄色表示。

3）蓝色：表示指令，要求人们必须遵守的规定。

4）绿色：表示允许，给人们提供安全信息。

7. 什么是企业定置管理？其基本要求和种类有哪些?

（1）企业定置管理是企业在生产过程中研究人、物、场所三者关系的一种科学的管理方法。它通过对生产现场进行分析和作业动作研究，科学放置现场物品，达到使现场中人、物、场所规范化、程序化、高效化的目的。

（2）企业定置管理的基本要求。

1）划清定置管理范围，实行定置管理责任制。

2）物品摆放优化定位。

3）与生产（工作）无关的物品一律不得摆放在生产（工作）场所。

4）制定生产现场和室内物品摆放的平面布置图。

5）物品要有完整规范的标签或标志。

（3）企业定置管理的种类。

1）生产现场的定置管理。

2）设备检修的定置管理。

3）工作间的定置管理。

4）仓库（包括班组的工具、材料间）的定置管理。

5）工具柜（架）、仪器柜、资料柜和更衣柜的定置管理。

6）办公室的定置管理。

7）特别定置管理，如对易燃、易爆、放射性、剧毒、有异味、挥发性强的物品的管理，对安全防护用品用具的管理，对保密文件和资料的管理等。

8. 目视化管理的定义和特点是什么？作业现场目视化管理包括哪些内容？

（1）目视化管理的定义。目视化管理也可称为看得见的管理，或一目了然的管理。目视化管理通过安全色、标签、标牌等方式，明确人员的资质和身份、工器具和设备设施的使用状态，以及生产作业区域的危险状态的一种现场安全管理方法。

（2）目视化管理的特点。目视化管理具有视觉化、透明化和界限化的特点，可以贯穿于各种管理领域当中。目视化管理是利用形象直观且色彩适宜的各种视觉感知信息来组织现场生产活动，达到提高劳动生产率的一种管理手段，也是一种利用视觉来进行管理的科学方法。

（3）作业现场目视化管理内容。

1）人员目视化管理，采用人员标识牌。

2）工器具目视化管理。

3）设备设施目视化管理，采用文字、箭头等符号标明设备设施的安全状态、操作要求等。

4）生产作业区域目视化管理。

二、班组交接班管理

1. 班组交接班的主要内容是什么？

（1）交班前，当班者应向接班者详细交代本班情况，做到“十交”，即：

1）交本班生产情况；

2）交生产工艺执行情况和存在问题；

3）交事故原因和处理情况及处理结果；

4）交设备运转和维护保养情况；

5）交仪器、仪表、工具的保管和使用情况；

6）交岗位记录表的填写情况；

7）交岗位包干区及设备卫生情况；

8）交跑、冒、滴、漏及机械运转情况；

9）交安全生产情况；

10）交公司及车间临时性文件、通知等。

（2）交班前还要做到“六不交”，即：

1）工艺指标不符合条件不交；

2）设备保养不好不交；

3）事故原因查不清不交；

4）工具不全不交；

5）记录表不齐全、不整洁不交；

6）设备及环境卫生不清洁不交。

（3）接班要做到“五不接”：

1）生产情况说不清楚、说不明白不接；

2）生产发生的问题和事故原因讲不清楚、没有处理或处理不当不接；

3）跑、冒、滴、漏严重，该处理未处理，又没有可接受原因不接；

4）环境卫生、设备卫生搞不好不接；

5）工具不齐全，说不清原因不接。

2. 如何开展班组交接班考核？

（1）未做好交接班手续即离岗下班，按车间考核制度对相关人员进行处理。

（2）交班记录有意隐瞒事故，由此产生后果，责任由交班者负责。

（3）交班后发生事故，由接班人员负责。

（4）接班时未仔细查看有关记录即开始生产，由此产生事故，责任由接班者负责。

（5）在班组交接班时双方产生疑问，应立即反映到车间（科室）进行裁定。因交接班产生疑问，又不汇报影响生产者，车间视情况从重从严处理。

（6）凡发生偏差时，必须由发现人填写偏差通知单，写明品名、批号、规格、批量、工序、偏差的内容、发生的过程及原因、地点、填表人签字、日期。

思考题

1. 企业如何做好班组建设？
2. 企业如何做好班组交接班管理？
3. 举例说明班组安全管理典型经验做法。

第三节　员工素质要求与技能提升

一、员工素质要求

1. 班组员工应具备什么样的安全素质？

（1）有较高的安全需求，珍惜生命、维护健康，做到不伤害自己、不伤害他人、不被他人所伤害。

（2）有较强的安全意识，有“安全为自己、我要安全、我会安全”的观念，上标准岗、干标准活，按程序、标准化操作，不冒险蛮干，不违章操作，能够拒绝违章指挥，制止违章操作，做到隐患不排除不生产、安全措施不落实不生产、不安全不生产。

（3）具备基本的安全知识，能够掌握与本岗位工作相关的安全技术知识和安全操作规程。

（4）有较强的安全技能，熟悉本岗位的作业标准、操作要领，熟知岗位存在的危险因素和非正常情况下的处理办法。遇到异常情况，果断采取措施，及时把事故消灭在萌芽状态或杜绝事故的扩大。

（5）有较强的纪律性，能够自觉遵守有关安全生产的规章制度和劳动纪律。

2. 如何提高化工企业员工的安全意识？

增强化工企业员工的安全意识，让每一位员工真正把“安全第一、预防为主”的安全理念作为一切工作的出发点和落脚点，形成作业行为规范，逐步从感性上升到理性，再由理性上升到通过意识的能动性来指导安全工作，做到可以在生产中及时发现隐患，消除隐患，最终达到安全生产的目的。

（1）建设有特色的安全文化。

1）必须坚持以人为本，把提高员工的安全文化素质作为工作的着眼点和落脚点，树立和创新企业的安全理念，加强对员工安全理念的灌输，定期开展安全理念专题研讨和交流活动，提高员工对安全理念的认识程度，提升员工自身的安全觉悟。

2）必须加大安全文化物质建设，充分利用广播、电视、报纸、宣传栏等宣传舆论工具，建设安全文化园地、安全文化长廊，广泛开展安全知识竞赛、征集安全宣传漫画、举办安全承诺等活动，形成浓厚的安全文化氛围。

3）必须要有安全、党群、行政等部门的组织和参与，各基层单位、班组也要积极配合，一同促进企业安全文化建设和发展。

4）针对化工企业的生产特点，把安全文化氛围向生产一线延伸、向危险岗位延伸、向重点人员延伸。对化工厂区的关键装置、重点部位、危险场所进行美化、亮化、规范化、标准化，为员工创造良好的安全生产作业环境，使员工受到潜移默化的教育和熏陶。

5）必须建立相应的长效机制，把安全文化建设纳入企业精神文明和物质文明建设的总体规划中，切实把安全理念培育、安全行为养成、安全形象识别等文化实践活动与安全生产责任制的落实、安全生产过程的控制、安全生产监督的反馈等安全生产实践紧密结合起来，真正使安全文化融入企业安全生产管理的全过程，提高企业员工的安全素质，有效提升整体安全文化水平，从而实现企业的安全生产。

（2）进行有针对性的安全培训。

1）培训人员要有针对性。企业的安全生产分管负责人、专兼职安全生产管理人员、特种作业人员是安全培训的重点人员。企业是安全生产的责任主体，企业的安全生产分管负责人是安全生产管理工作的决策者，其安全生产意识和素质关系到企业整体的安全生产状况，直接影响着企业的安全生产。专兼职安全生产管理人员是安全生产管理工作的执行者，其安全生产意识和素质直接影响着企业安全理念的树立、安全精神的传达、安全工作的开展。特种作业人员是危险作业的直接操作者，其安全生产意识和素质直接影响生产安全事故的发生。

2）培训内容要有针对性。安全知识培训、岗位技能培训、作业安全培训、气体防护培训、应急预案演练、事故案例学习、危险因素辨识等培训内容要有针对性，使安全培训真正取得实效。

3）培训形式要有针对性。对企业的安全生产分管负责人、专兼职安全生产管理人员、特种作业人员要进行专项安全培训，对新入厂员工、外来检查人员、外来实习人员、外来施工人员要进行三级安全培训，对在职员工进行科学性、针对性、持久性的日常培训，做到安全培训的经常化、制度化、规范化。

建设有特色的安全文化和有针对性的安全培训，培养和提高化工企业员工的安全素质，实现安全管理的标准化、规范化、系统化，确保化工企业安全稳定生产。

二、员工技能提升

1. 法律、法规等对员工技能提升的要求是什么？

《中华人民共和国安全生产法》第二十八条规定，生产经营单位应当对从业人员进行安全生产教育和培训，保证从业人员具备必要的安全生产知识，熟悉有关的安全生产规章制度和安全操作规程，掌握本岗位的安全操作技能，了解事故应急处理措施，知悉自身在安全生产方面的权利和义务。未经安全生产教育和培训合格的从业人员，不得上岗作业。第五十八条规定，从业人员应当接受安全生产教育和培训，掌握本职工作所需的安全生产知识，提高安全生产技能，增强事故预防和应急处理能力。

《关于加强化工过程安全管理的指导意见》（安监总管三〔2013〕88号）要求，企业要按照国家和企业要求，定期开展从业人员安全培训，使从业人员掌握安全生产基本常识及本岗位操作要点、操作规程、危险因素和控制措施，掌握异常工况识别判定、应急处置、避险避灾、自救互救等技能与方法，熟练使用个体防护用品。当工艺技术、设备设施等发生改变时，要及时对操作人员进行再培训。要重视开展从业人员安全教育，使从业人员不断强化安全意识，充分认识化工安全生产的特殊性和极端重要性，自觉遵守企业安全管理规定和操作规程。企业要采取有效的监督检查评估措施，保证安全教育培训工作质量和效果。

《生产经营单位安全培训规定》（原国家安全生产监督管理总局令第3号）第四条规定，生产经营单位从业人员应当接受安全培训，熟悉有关安全生产规章制度和安全操作规程，具备必要的安全生产知识，掌握本岗位的安全操作技能，了解事故应急处理措施，知悉自身在安全生产方面的权利和义务。未经安全培训合格的从业人员，不得上岗作业。第十八条规定，生产经营单位的特种作业人员，必须按照国家有关法律、法规的规定接受专门的安全培训，经考核合格，取得特种作业操作资格证书后，方可上岗作业。

2. 如何提升员工的技能？

（1）完善用工制度，深化师徒合同制。《安全生产培训管理办法》（原国家安全生产监督管理总局令第44号）第二十三条规定，国家鼓励生产经营单位实行师傅带徒弟制度。危险物品生产经营单位新招的危险工艺操作岗位人员，除按照规定进行安全培训外，还应当在有经验的职工带领下实习满2个月后，方可独立上岗作业。

1）调动师傅职业性。要选择业务技能素质高、敬业精神强的人担任师傅，由师傅负责徒工的业务指导和安全管理及职业道德等方面带教工作。按工种规定学徒期，对超过学徒期不达标的师徒，进行处罚；对提前达标的师徒，进行奖励，调动师徒的积极性。

2）调动徒工积极性。在实习期限内，由徒工根据自身学习实际并征求师傅的意见，提出上岗考试申请，经有关部门批准，进行上岗考试。考试合格者，准予发证上岗，从而全面提高徒工的业务素质和安全技能。

（2）建立培训体系。制订培训计划，定期提供技能培训，聘请技术专家，组织员工学习。企业不是单纯地提供技能培训，而是要建立培训体系，分级分层次开展安全教育培训。

1）根据企业需求，制订企业人才计划。

2）根据计划为每一位员工定制技术、技能培训计划。

3）让员工在企业中有方向、有方法、有途径、有计划。

4）把生产岗位作为最基层的课堂，加强针对性培训，让员工所学即所见、所学有所用，达到干啥学啥、缺啥补啥的学习目的，有利于增强培训效果。如危险化学品企业岗位员工做好“五懂”“五会”“五能”，会有效助力员工履责能力提升。

（3）培养技能标杆，强化专业人才培训。在各技术岗位培养技能拔尖的尖兵式、标杆式人物，带动大家共同提高。

（4）强化新员工技能培训。

1）对新员工在上岗前，企业主要对其进行安全生产形势、安全法律法规、企业特殊危险地段、一般的安全技术知识和伤亡事故发生的主要原因及教训等培训教育，从而提高安全生产意识。

2）车间培训主要进行遵守车间的劳动规则、车间内危险区域、有毒有害作业安全事项以及安全生产的典型事例培训教育。

3）班组主要从本班组的生产性质和任务、新员工从事岗位操作必要的安全知识和安全技能、各种机具设备及安全防护设备的性能和作用、个人防护用品的管理使用、预防事故的措施和发生事故后应采取的紧急措施、事故案例教训等方面进行培训教育。

（5）建立动态考核竞争机制。真正建立起职工技能培训、考核、使用、待遇一体化机制。建立技术技能要素参与分配的新机制，提高高技能人才的收入。通过分配机制的创新，真正实现由“要我学”到“我要学”的转变。

1）对职工按技能素质考试考核结果进行分类，实行技能等级工资和动态考试考核升降等级制。要将技能鉴定的技能等级与技能素质考试考核相结合，实行技能等级的动态管理，对达不到原有技能等级的职工降低其等级及收入，以体现技能等级所代表的技能水平及价值。

2）开展“首席工人”“工人技术骨干”“工人技术专家”等高技能工人考核评选活动；在年轻员工中评比和选拔高技能人才，要突破论资排辈的旧观念，改革某些不合理制度，为高技能人才培训、使用创造良好的条件；对在企业以上级别技术比赛中获得优胜者、技术能手、技术标兵的人员，要加大奖励力度。

（6）打造学习文化。打造企业内部的学习氛围、机制，让技能学习成为企业的一种传统。提高员工技能，要让员工自动自发地学习、主动地学习，这需要打造学习的文化氛围，形成企业的学习文化。

1）在企业文化上、内部装修布景上，要有重视学习、重视技术、重视人才的氛围。

2）建立内部学习的机制，比如日常学习的习惯、一周进行一次内部技术交流的传统等。

3）建立学习反馈和疑难问答机制，让员工在内部互动起来。

（7）建设人才梯队。做好人才梯队建设，善待掌握技术的老员工，以老带新让队伍长久。提高员工技能，建设好人才梯队，让团队内部进行技术提升、经验传承。

3. 危险化学品企业如何运用安全培训空间提升员工技能？

根据《危险化学品企业安全培训空间建设应用指南（试行）》的要求，危险化学品安全培训空间由线下培训物理空间、线上学习网络空间和培训信息管理空间构成，是支撑企业线上线下融合培训和培训数字化管理的综合性载体。危险化学品企业在满足培训空间建设要求的基础上，针对员工需求开发更加适合企业自身的模块，充分应用培训空间提升员工技能。

（1）危险化学品企业应认真履行安全培训主体责任，建立完善培训管理制度，明确责任机构和人员，按规定足额提取培训经费，每年年初制订培训计划，充分利用培训空间，推动全员安全培训落地见效。

（2）规模以上危险化学品企业应自主建设培训空间，中小企业可使用其他企业或专业服务机构提供的培训空间，逐步实现“企企有空间、人人用空间”。

（3）企业可建立内训师培养机制，推动内部安全管理员、技术或技能人员成为内训师，通过组织试讲、竞赛、交流、培训等形式提高内训师能力，逐步实现企业在岗培训以内训师承担为主。

（4）企业应利用培训空间，加强员工安全技术技能考核评价。定期统计通报培训学习情况和考试测评结果。

（5）企业或有关专业机构应制定规章制度，完善工作流程，明确专人负责培训空间管理运维，及时处理各类故障，保障空间正常运行。

同时，企业员工也要充分利用安全培训空间资源，通过开展集中学习、在线互动交流、学习研讨、“每日一学、每周一课、每月一考”等形式查漏补缺、提升自我。

思考题

1. 具备什么素质的员工才能做好化工安全生产？
2. 企业如何有针对性地增强员工的安全意识？

第四节　现场安全与违章行为控制

1. 现场安全主要从哪几个方面抓起？

做好现场安全管理是促进安全生产的重要工作，应从以下几方面做好工作：

（1）抓好现场环境卫生，不乱堆乱放，尤其是不乱堆乱放易燃可燃物料。

（2）保持巡检通道的畅通，不存在影响人员疏散和应急处置的障碍物。

（3）检查员工安全规章制度、安全操作规程执行情况。

(4) 杜绝地面积水，减少地面湿滑现象，避免人员失足滑跌。

(5) 督促作业人员对检修后的场地要收拾整洁，做到“工完料净场地清”，符合安全要求。

(6) 抓好设备设施的正常运行，安全措施、安全防护设施的正常投用情况，当发现有跑、冒、滴、漏现象时，及时通知相关人员，并尽快消除。

(7) 抓好现场安全警示牌的设立及维护管理工作，有效发挥其警示作用。

2. 如何控制和减少违章行为?

控制和减少违章行为，可以从以下几方面做起：

(1) 培育良好的企业安全文化，树立“遵章守纪为荣、违章违纪为耻”的安全生产理念。

(2) 大力开展标准化行为建设，做到操作行为标准化。

(3) 做好员工教育培训工作，编制符合生产实际、操作性强的安全操作规程，让员工掌握操作技能，懂得安全操作。

(4) 发挥各层级管理人员的安全领导力作用，率先垂范，做到减少违章从减少违章指挥做起。

(5) 建立反违章奖惩机制，对监督、举报违章行为的人员给予奖励，对有违章行为的人员进行处罚。

(6) 利用各种机会开展警示教育，并结合事故案例学习，培养员工珍惜生命、杜绝违章的安全意识。

(7) 及时掌握员工心理状况，消除员工后顾之忧，避免员工出现违章现象。

思考题

1. 如何从自身做起，切实杜绝违章行为?
2. 班组长如何发挥自身作用，带领班组做好安全生产工作?

第三章

现场风险管控与作业安全

第一节　危险化学品基础知识

一、危险化学品基本概念

1. 什么是危险化学品？

根据《危险化学品安全管理条例》的规定，危险化学品是指具有毒害、腐蚀、爆炸、燃烧、助燃等性质，对人体、设施、环境具有危害的剧毒化学品和其他化学品。

在《危险化学品目录（2015 版）》（以下简称《目录》）分类信息表中，共列入 2 828 类危险化学品，参考国际常用危险性类别分类标准进行统计分类。

根据《危险化学品目录（2015 版）实施指南（试行）》（以下简称《指南》），对危险化学品的管理和使用等提出以下细化要求。

（1）《目录》所列化学品是指达到国家、行业、地方和企业的产品标准的危险化学品（国家明令禁止生产、经营、使用的化学品除外）。

（2）工业产品的 CAS 号与《目录》所列危险化学品 CAS 号相同时（不论其中文名称是否一致），即可认为是同一危险化学品。

（3）企业将《目录》中同一品名的危险化学品在改变物质状态后进行销售

的，应取得危险化学品经营许可证。

（4）对生产、经营柴油的企业按危险化学品企业进行管理。

（5）对于主要成分均为列入《目录》的危险化学品，并且主要成分质量分数或体积分数之和不小于70%的混合物（经鉴定不属于危险化学品确定原则的除外），可视其为危险化学品并按危险化学品进行管理，安全监管部门在办理相关安全行政许可时，应注明混合物的商品名称及其主要成分含量。

（6）对于主要成分均为列入《目录》的危险化学品，并且主要成分质量分数或体积分数之和小于70%的混合物或危险特性尚未确定的化学品，生产或进口企业应根据《化学品物理危险性鉴定与分类管理办法》（原国家安全生产监督管理总局令第60号）及其他相关规定进行鉴定分类，经过鉴定分类属于危险化学品确定原则的，应根据《危险化学品登记管理办法》（原国家安全生产监督管理总局令第53号）进行危险化学品登记，但不需要办理相关安全行政许可手续。

（7）化学品只要满足《目录》中序号第2 828项闪点判定标准即属于第2 828项危险化学品。为方便查阅，危险化学品分类信息表中列举部分品名。其列举的涂料、油漆产品以成膜物为基础确定。例如，条目“酚醛树脂漆（涂料）”，是指以酚醛树脂、改性酚醛树脂等为成膜物的各种油漆涂料。各油漆涂料对应的成膜物详见国家标准《涂料产品分类和命名》（GB/T 2705—2003）。胶黏剂以粘料为基础确定。例如，条目“酚醛树脂类胶黏剂”，是指以酚醛树脂、间苯二酚甲醛树脂等为粘料的各种胶黏剂。各胶黏剂对应的粘料详见国家标准《胶粘剂分类》（GB/T 13553—1996）。

（8）危险化学品分类信息表是各级安全监管部门判定危险化学品危险特性的重要依据。各级安全监管部门可根据《指南》中列出的各种危险化学品分类信息，有针对性地指导企业按照其所涉及的危险化学品危险特性采取有效防范措施，加强安全生产工作。

（9）危险化学品生产和进口企业要依据危险化学品分类信息表列出的各种危险化学品分类信息，按照《化学品分类和标签规范》系列标准（GB 30000. 2—2013至GB 30000. 29—2013）及《化学品安全标签编写规定》（GB 15258—2009）等国家标准规范要求，科学准确地确定本企业化学品的危险性说明、警示词、象形图和防范说明，编制或更新化学品安全技术说明书（SDS）、安全标签等危险化学品登记信息，做好化学品危害告知和信息传递工作。

（10）危险化学品在运输时，应当符合交通运输、铁路、民航等部门的相关规定。

在生产生活中，根据监管需要和使用环境及物料特性区别等，类似的分类还有危险货物、重点监管的危险化学品、特别管控危险化学品、易制毒化学品、易制爆化学品、剧毒化学品等不同名称，其各类别物质分类标准均不一致，监管要求均不一致，在使用、储存、运输等环节的要求也不尽相同，需根据具体分类情况区分管理要求。

2. 危险化学品的理化参数主要有哪些？

理化参数是用于表征危险化学品相关物理、化学特性的重要指标。危险化学品常用的理化参数主要有状态、颜色、酸碱度、分子式、结构式、相对分子质量、饱和蒸气压、临界压力、凝固点、熔点、沸点、闪点、自燃点、相对密度（相对空气/相对水）、溶解度、爆炸极限等。

危险化学品理化参数是对危险化学品使用、运输、储存等各个环节管理的重要参考信息，也属于企业安全生产信息管理的重要内容，企业务必要将危险化学品的理化参数纳入日常管理中，并将相关内容纳入相关岗位员工的教育培训内容中，确保所有涉及危险化学品的员工均接受全部所适用信息的培训。

3. 什么是相对密度？

相对密度是指某一物质的密度与所参考物质的密度在各自规定的条件下的比值，参考物质一般是水或空气（水=1，空气=1）。例如，在同等条件下，同样大小的容器中，某种气体的质量是空气的60%，那么此种气体的相对密度是0.6。

在化工安全生产中，可以根据某些物质的相对密度，确定灭火救援措施。例如，相对密度（水=1）<1的易燃和可燃液体发生火灾时，不应用水扑救，因为它会浮在水面上，用水扑救时非但扑不灭，反而会随水流散，扩大损失。相对密度（空气=1）>1的易燃气体和蒸气，容易扩散并与空气形成爆炸性混合物，沿地面、沟渠远距离流动，如遇明火会发生回燃。在确定库房通风口位置时，也要根据物质与空气的相对密度，对于相对密度>1 的易燃气体和蒸气，库房通风口位置应该设置在下方；对于相对密度<1 的易燃气体和蒸气，库房通风口位置应该设置在上方。

4. 什么是沸点？什么是凝固点？

（1）沸腾是液体达到一定温度时发生的剧烈汽化的现象。沸点是液体沸腾时的温度，也就是液体的饱和蒸气压与外界压强相等时的温度。液体浓度越高，沸点越高。液体的沸点跟外部压强有关，当液体所受的压强增大时，它的沸点升高；压强减小时，沸点降低。

沸点在危险化学品安全管理中有着重要意义。例如，《石油化工企业设计防火标准（2018 年版）》（GB 50160—2008）规定，储存沸点低于 45 ℃的甲$_B$类液体宜选用压力或低压储罐，这是为了防止液体沸腾危险。储存沸点低于 45 ℃的甲$_B$类液体，一般情况下，其储存温度下的饱和蒸气压大于或等于 88 kPa，除了采用压力储罐储存外，还可以采用冷冻式储罐储存或采用低压固定顶罐储存。

（2）凝固点是晶体物质凝固时的温度，不同晶体的凝固点不同。在一定压强下，任何晶体的凝固点与其熔点相同。同一种晶体，凝固点与压强有关。晶体凝固点随压强的变化有两种不同的情况：对于大多数物质，熔化过程是体积变大的过程，当压强增大时，这些物质的熔点会升高；但是像水这样的物质，则与大多数物质不同，冰融化成水的过程体积会缩小（金属铋、锑等也是如此），当压强增大时，冰的熔点会降低。在凝固过程中，液体转变为固体，同时放出热量。因此，物质的温度高于凝固点时处于液态，低于凝固点时就处于固态。非晶体物质无凝固点。

如果液体中溶有少量其他物质或杂质，即使数量很少，物质的凝固点也会有很大的变化。例如，水中溶有盐，凝固点就会明显下降，海水中溶有盐，海水冬天结冰的温度比河水低就是这个原因。所以，溶有杂质是影响凝固点的重要因素。

5. 什么是闪点？什么是自燃点？

（1）闪点是指可燃性液体或固体表面的蒸气与空气的混合物，遇火源初次发生蓝色火焰闪光时的温度。它是表示可燃性液体在储存、运输和使用过程中燃爆危险性的一个重要指标，同时也是可燃性液体的挥发性指标。闪点低的可燃性液体，挥发性高，容易着火，安全性较差。例如，汽油与柴油相比，汽油闪点在45 ℃以下，柴油闪点在45 ℃以上，在化工生产过程中，汽油更容易引起燃爆事故，安全性低于柴油。

闪点在危险化学品安全管理中有着重要意义。在《建筑设计防火规范（2018年版）》（GB 50016—2014）中，闪点是可燃液体生产、储存场所火灾危险性分类的重要依据；在《石油化工企业设计防火标准（2018年版）》（GB 50160—2008）中，闪点是甲、乙、丙类危险液体分类的依据。

（2）自燃点是指可燃物质在助燃性气体中加热而没有外来火源（常温中自行发热或由于物质内部反应过程所产生的热量积聚起来）的条件下自发着火的最低温度。例如，在处理含有硫化氢物料的设备时，硫化氢腐蚀生成硫化亚铁，硫化亚铁与空气发生反应放热，迅速自燃。再如，油脂类浸到木屑、棉纱等物质中，会形成很大的氧化表面积，发生自燃。

自燃点是评定可燃物火灾爆炸危险的主要安全数据，是可燃物储存、运输和使用的一个安全指标。自燃点越低，可燃物质发生自燃火灾的危险性就越大。

自燃点在危险化学品安全管理中有着重要意义。例如，根据《石油化工企业设计防火标准（2018年版）》（GB 50160—2008）的规定，若在操作温度等于或高于自燃点的可燃液体泵上方，布置操作温度低于自燃点的甲、乙、丙类可燃液体设备时，封闭式楼板应为不燃烧材料的无泄漏楼板。此项安全措施是为了防止危险化学品由于自燃发生起火爆炸事故。若在操作温度等于或高于自燃点的可燃液体泵上方布置操作温度低于自燃点的甲、乙、丙类可燃液体设备，可燃液体一旦泄漏落到下方操作温度等于或高于自燃点的泵上，就可能被引燃。再如，有些遇水放出易燃气体的物质（如碳金属、硼氢化合物），放置于空气中即可以自燃，有的物质（如钾）遇水能生成可燃气体放出热量而具有自燃性。因此，这类物质的储存必须与水及潮气隔离。

总之，无论是受热燃烧还是自热燃烧，都是由于热量的积累导致可燃物的温度升高而自燃的。因此，防止自燃的关键是防止热量积聚。

6. 什么是着火点？什么是最小引燃能？

（1）可燃物质在空气充足的条件下，当达到一定温度时与火源接触后即着火，移去火源后仍能持续燃烧 5 min 以上，这种现象叫点燃。点燃的最低温度称为着火点。可燃液体的着火点一般高于闪点 5～20 ℃。但闪点在 100 ℃以下时，两者往往相同。在没有闪点数据的情况下，也可以用着火点表征物质的火灾爆炸危险程度。

（2）最小引燃能，又称为最小点燃能，是初始燃烧所需要的最小能量。所有可燃性物质（包括粉尘）都有最小引燃能。最小引燃能取决于特定的化学物质或混合物的浓度、压力和温度。

试验数据表明：最小引燃能随着压力的升高而减小。一般情况下，粉尘的最小引燃能在能量等级上比可燃气体大。氮气浓度的增大导致最小引燃能增大。

许多碳氢化合物的最小引燃能大约为 22 mJ。这与引燃源相比是很低的。例如，在地毯上行走引发的静电放电的能量为 22 mJ，通常的火花塞所释放的能量为 25 mJ。流体流动所引起的静电放电也具有超出可燃物质最小引燃能的能量等级，也能够提供引燃源，导致燃烧。

7. 什么是爆炸极限？

可燃物质（可燃气体、蒸气和粉尘）与空气（或氧气）必须在一定的浓度范围内均匀混合，形成预混气，遇着火源才会发生爆炸，这个浓度范围称为爆炸极限。爆炸极限通常用可燃气体、蒸气或粉尘在空气中的体积百分比来表示。该范围的最低浓度称为爆炸下限，最高浓度称为爆炸上限。例如，氯乙烯的爆炸极限是 3.6%～31%（体积分数），那么，氯乙烯与空气（或氧气）混合物中氯乙烯体积分数为 3.6%～31%时，才有爆炸的危险。当氯乙烯在混合物中体积分数小于 3.6%时，空气所占比例很大，氯乙烯浓度不足，不会发生爆炸；当氯乙烯在混合物中体积占比大于 31%时，空气（或氧气）不足，也不会发生爆炸，若此时补充空气（或氧气），是有爆炸危险的。所以，对爆炸上限以上的可燃气与空气（或氧气）的混合气不能认为是安全的。

可燃性混合物的爆炸极限范围越宽、爆炸下限越低和爆炸上限越高，其爆炸危险性越大。这是因为爆炸极限越宽，则出现爆炸的可能性就越大；爆炸下限越低，则可燃物稍有泄漏就会形成爆炸条件；爆炸上限越高，则有少量空气渗入容器，就能与容器内的可燃物混合形成爆炸条件。

二、危险化学品分类与“一书一签”要求

1. 危险化学品是如何分类的？

《化学品分类和标签规范》（GB 30000.2—2013 至 GB 30000.29—2013）将化学品危险性分为 28 类 95 个类别。以此为基础，《目录》选取了 28 类中危险性较大的 81 个类别作为危险化学品。

28 类危险化学品根据危险和危害特性分为理化危险、健康危害和环境危害 3 类。属于理化危险的有爆炸物、易燃气体、气溶胶、氧化性气体、加压气体、易燃液体、易燃固体、自反应物质和混合物、自燃液体、自燃固体、自热物质和混合物、遇水放出易燃气体的物质和混合物、金属腐蚀物、氧化性液体、氧化性固体和有机过氧化物 16 类；属于健康危害的有急性毒性、皮肤腐蚀/刺激、严重眼损伤/眼刺激、呼吸道或皮肤致敏、生殖细胞致突变性、致癌物、生殖毒性、特异性靶器官毒性-一次接触、特异性靶器官毒性-反复接触和吸入危害 10 类；属于环境危害的有危害水生环境和危害臭氧层 2 类。

（1）爆炸物指在外界条件（如受热、受压、撞击等）的作用下，能发生剧烈的化学反应，瞬间产生大量的气体和热量，使周围压力急骤升高，发生爆炸，且对周围环境造成破坏的固体或液体物质（或其混合物）。

（2）易燃气体指在 20 ℃和标准压力（101.3 kPa）条件下与空气混合有一定易燃范围的气体。化学不稳定气体指在没有空气或氧气时也能极为迅速地反应的易燃气体，如乙炔、丙二烯等。

（3）气溶胶（又称气雾剂）指喷雾器内装压缩、液化或加压溶解的气体，

并配有释放装置以便于气体喷射出来，形成悬浮的固态或液态微粒或形成泡沫、膏剂、粉末。

（4）氧化性气体指采用《化学品危险性分类试验方法　气体和气体混合物燃烧潜力和氧化能力》（GB/T 27862—2011）规定方法确定的氧化能力大于23.5%的纯净气体或气体混合物。

（5）加压气体指在温度为20 ℃、压力大于或等于200 kPa（表压）条件下装入储器的气体或液化气体、冷冻液化气体。加压气体包括压缩气体、液化气体、溶解气体、冷冻液化气体。

（6）根据《化学品分类和标签规范　第7部分：易燃液体》（GB 30000.7—2013）的规定，易燃液体指闪点不高于93 ℃的液体。

（7）易燃固体指容易燃烧的或可通过摩擦引起或促进着火的固体。其与点火源（如着火的火柴）短暂接触容易点燃且火焰迅速蔓延。

（8）自反应物质和混合物指即使没有氧气（空气）也容易发生激烈放热分解的热不稳定液态、固态物质或者混合物。

（9）自燃液体指即使数量小也能在与空气接触5 min内着火的液体，如三溴化三甲基二铝、二甲基锌、二氯化乙基铝、三异丁基铝等。

（10）自燃固体指即使数量小也能在与空气接触5 min内着火的固体，如白磷、二苯基镁、二甲基镁、金属锶等。

（11）自热物质和混合物指除自燃液体或自燃固体外，在空气中不需要能量供应就能够自热的固态、液态物质或混合物，如甲醇钾、连二亚硫酸钠和金属钙粉等。

（12）遇水放出易燃气体的物质和混合物指在环境温度下，通过与水作用，容易具有自燃性或放出危险数量的易燃气体的固态或液态物质和混合物。

（13）金属腐蚀物指通过化学作用会显著损伤甚至毁坏金属的物质或混合物。

（14）氧化性液体指本身未必可燃，但通常会放出氧气可能引起或促使其他物质燃烧的液体。

（15）氧化性固体指本身未必可燃，但通常会放出氧气引起或促使其他物质燃烧的固体。

（16）有机过氧化物指可发生放热自加速分解、热不稳定的物质或混合物，具有下列一种或多种性质：易于爆炸分解、迅速燃烧、对撞击或摩擦敏感及与其他物质发生危险反应。

（17）急性毒性指经口或经皮肤给予物质的单次剂量或在 24 h 内给予的多次剂量，或者 4 h 吸入接触发生的急性有害影响。

（18）皮肤腐蚀指对皮肤能造成不可逆损害的结果，即施用试验物质 4 h 内，可观察到表皮和真皮坏死。典型的腐蚀反应具有溃疡、出血、血痂的特征，而且在 14 天观察期结束时，皮肤、完全脱发区域和结痂处由于漂白而褪色。皮肤刺激指施用试验物质达到 4 h 后对皮肤造成可逆损害的结果。

（19）严重眼损伤指将受试物施用于眼睛前部表面进行暴露接触，引起了眼部组织损伤，或出现严重的视觉衰退，且在暴露后的 21 天内尚不能完全恢复。眼刺激指眼睛前表面施加受试物后，眼睛产生变化，但在 21 天内可完全恢复。

（20）呼吸道致敏物指吸入后会导致呼吸道过敏的物质。皮肤致敏物指皮肤接触后会导致过敏的物质。

（21）细胞中遗传物质的数量或结构发生的永久性改变称为突变。生殖细胞致突变性指化学品引起人类生殖细胞发生可遗传给后代的突变。

（22）致癌物指能导致癌症或增加癌症发病率的物质或混合物，分为已知或假定的人类致癌物和可疑的人类致癌物两类。

（23）生殖毒性指对成年雄性和雌性的性功能和生育能力的有害影响，以及对子代的发育毒性。

（24）特异性靶器官毒性-一次接触指一次接触物质和混合物引起的特异性、非致死性靶器官毒性作用，包括所有明显的健康效应，可逆的和不可逆的、即时的和迟发的功能损害。

（25）特异性靶器官毒性-反复接触指反复接触物质和混合物引起的特异性、非致死性的靶器官毒性作用，包括所有明显的健康效应，可逆的和不可逆的、即时的和迟发的功能损害。

（26）吸入危害指液态或固态化学品通过口腔或鼻腔直接进入或者因呕吐间接进入气管和下呼吸道系统。

（27）对水生环境的危害分为以下几种情况。

1）急性水生毒性：可对水中短期接触该物质的生物体造成伤害，是物质本身的性质。

2）急性（短期）危害：化学品的急性毒性对在水中短时间暴露的水生生物造成的危害。

3）慢性水生毒性：可对水中接触该物质的生物体造成有害影响，接触时间根据生物体的生命周期确定，是物质本身的性质。

4）长期危害：化学品的慢毒性对在水中长期暴露的水生生物造成的危害。

5）无显见效果浓度（NOEC）：试验浓度刚好低于在统计上有效的有害影响的最低测得浓度。

（28）对臭氧层的危害物包括《关于消耗氧层物质的蒙特利尔议定书》附件中列出的任何受管制物质，或任何混合物至少含有一种体积分数不小于 0.1%的被列入《关于消耗氧层物质的蒙特利尔议定书》附件的组分。

2. 危险化学品“一书一签”是什么？

“一书一签”指化学品安全技术说明书和化学品安全标签。

化学品安全技术说明书提供了化学品（物质或混合物）在安全、健康和环境保护等方面的信息，推荐了防护措施和紧急情况下的应对措施。在一些国家，化学品安全技术说明书又被称为物质安全技术说明书（MSDS），目前根据我国适用标准，统称为化学品安全技术说明书。

化学品安全技术说明书是化学品的供应商向下游用户传递化学品基本危害信息（包括运输、操作处置、储存和应急行动信息）的一种载体。同时化学品安全技术说明书还可以向公共机构、服务机构和其他涉及该化学品的相关方传递这些信息。

化学品安全标签是用于标示化学品所具有的危险性和安全注意事项的一组文字、象形图和编码组合，它可粘贴、拴挂或喷印在化学品的外包装或容器上。

由于“一书一签”具有规范性、统一性、标准性及高辨识度，因此，“一书一签”是重要的化学品安全信息管理内容。

《危险化学品安全管理条例》第十五条要求，危险化学品生产企业应当提供与其生产的危险化学品相符的化学品安全技术说明书，并在危险化学品包装（包括外包装件）上粘贴或者拴挂与包装内危险化学品相符的化学品安全标签。化学品安全技术说明书和化学品安全标签所载明的内容应当符合国家标准的要求。危险化学品生产企业发现其生产的危险化学品有新的危险特性的，应当立即公告，并及时修订其化学品安全技术说明书和化学品安全标签。第三十七条要求，危险化学品经营企业不得向未经许可从事危险化学品生产、经营活动的企业采购危险化学品，不得经营没有化学品安全技术说明书或者化学品安全标签的危险化学品。

思考题

1. 如何根据危险化学品的危险特性做好事故防范工作？

2. 如何利用危险化学品“一书一签”提供的信息，做好危险化学品的安全管理？

第二节　化工安全基础知识

一、防火防爆基础知识

1. 什么是燃烧？哪些因素影响燃烧？

燃烧是可燃物质与助燃物质（氧或其他助燃物质）发生的一种发光发热的氧化反应。应注意，氧化反应并不限于同氧的反应。例如，氢在氯中燃烧生成氯化氢。类似地，金属钠在氯气中燃烧，炽热的铁在氯气中燃烧，都是激烈的氧化反应，并伴有光和热的发生。金属和酸反应生成盐也是氧化反应，但没有同时发光发热，所以不能称作燃烧。因此，燃烧一定伴随发光发热，只有同时发光发热的氧化反应才被界定为燃烧。

燃烧的物质可以是固体、液体或气体，但是燃烧大多数总是发生在气相，在燃烧发生之前，液体挥发为蒸气，固体分解放出蒸气。

可燃物质、助燃物质和点火源是可燃物质燃烧的三个基本要素，是发生燃烧的必要条件。三个要素中缺少任何一个，燃烧便不会发生。对于正在进行的燃烧，只要充分控制三个要素中的任何一个，燃烧就会终止。

应该注意，有时虽然已具备了这三个条件，燃烧也不一定发生。这是因为燃烧还必须有充分的条件，只有当可燃物与助燃物达到一定的比例，且点火能量足够时才能引起燃烧。这意味着：没有可燃物或可燃物的量不足、没有助燃物或助燃物的量不足、没有点火能量或点火能量不足难以引发燃烧，这六点就是燃烧的必要且充分的条件，它为燃烧的控制指出了明确的方向。

在重大危险源场所，常见的可燃物有：气体，如天然气、氯乙烯、丙烯、乙烯、乙炔、丙烷、一氧化碳、氢气等；液体，如汽油、甲苯、甲醇、乙醇、丙酮、戊烷、原油等；固体，如硫黄、木料、金属颗粒、塑料等。

常见的氧化剂有：气体，如氧气、氟气、氯气等；液体，如过氧化氢、硝酸、高氯酸、浓硫酸等；固体，如高锰酸钾、过氧化钠、超氧化钾等。

常见的点火源有：电火花、明火、高温热表面、静电放电、摩擦火花等。

2. 燃烧的过程是如何发展的？燃烧应该如何分类？

可燃物质可以是固体、液体或气体，绝大多数可燃物质的燃烧是在气体（或蒸气）状态下进行的，燃烧过程随可燃物质聚集状态的不同而异。

气体最易燃烧，只要提供相应气体的最小点火能，便能着火燃烧。其燃烧形式分为两类：一类是可燃气体和空气（或氧气）预先混合成混合可燃气体的燃烧，这种燃烧称为混合燃烧，由于燃料分子已与氧分子充分混合，所以燃烧时速度很快，温度也高，通常混合气体的爆炸反应就属这种类型；另一类是将可燃气体（如煤气）直接由管道中放出点燃，在空气中燃烧，这时可燃气体分子与空气中的氧分子通过互相扩散，边混合边燃烧，这种燃烧称为扩散燃烧。

液体燃烧，许多情况下并不是液体本身燃烧，而是在热源作用下由液体蒸发所产生的蒸气与氧发生氧化、分解以至着火燃烧，这种燃烧称为蒸发燃烧。

固体燃烧，如果是简单固体可燃物质如硫，燃烧时先受热熔化（并有升华），继而蒸发生成蒸气而燃烧；而复杂固体物质如木材，燃烧时先是受热分解，生成气态和液态产物，然后气态和液态产物的蒸气再氧化燃烧，这种燃烧称为分解燃烧。

上述的几种燃烧现象，不论可燃物是气体、液体或固体，都要依靠气体扩散来进行，均有火焰出现，属火焰型燃烧。当木材燃烧到只剩下炭时（如焦炭的燃烧），燃烧是在固体炭的表面进行，看不出扩散火焰，这种燃烧称为表面燃烧。木材的燃烧是分解燃烧与表面燃烧交替进行的。金属铝、镁的燃烧是表面燃烧。

3. 什么是爆炸？根据不同特点爆炸可以分为几类？

（1）爆炸是物质发生急剧的物理、化学变化，由一种状态迅速转变为另一种状态，并在瞬间释放出巨大能量的现象。一般说来，爆炸现象具有以下特征：

1）爆炸过程进行得很快；

2）爆炸点附近压力急剧升高，产生冲击波；

3）发出或大或小的响声；

4）周围介质发生振动或邻近物质遭受破坏。

爆炸是非常复杂的过程，影响爆炸的参数包括：环境压力、爆炸物质的组成、爆炸物质的物理性质、引燃源特性（类型、能量和持续时间）、周围环境的几何尺寸（受限或非受限）、可燃物质的数量、可燃物质的扰动、引燃延滞时间、可燃物质泄漏的速率等。爆炸一般都会造成极强的破坏和巨大的伤亡。

（2）根据爆炸特性，可以将爆炸分为不同类型。

1）按爆炸的性质，可将爆炸分为以下 2 类。

①物理爆炸。物理爆炸是指物质的物理状态发生急剧变化而引起的爆炸。如蒸汽锅炉，盛装压缩气体、液化气体的容器超压等引起的爆炸，都属于物理爆炸。物质的化学成分和化学性质在物理爆炸后均不发生变化。

②化学爆炸。化学爆炸是指物质发生急剧化学反应，产生高温高压而引起的爆炸。物质的化学成分和化学性质在化学爆炸后均发生了质的变化。化学爆炸又可以进一步分为爆炸物分解爆炸、爆炸物与空气的混合爆炸两种类型。

爆炸物分解爆炸是爆炸物在爆炸时分解为较小的分子或其组成元素。爆炸物的组成元素中如果没有氧元素，爆炸时则不会有燃烧反应发生，爆炸所需要的热量是由爆炸物本身分解产生的。属于这一类物质的有叠氮铅、乙炔银、乙炔铜、碘化氮、氯化氮等。爆炸物质中如果含有氧元素，爆炸时则往往伴有燃烧现象发生。各种氮或氯的氧化物、苦味酸即属于这一类型。爆炸性气体、蒸气或粉尘与空气的混合物爆炸，需要具备一定的条件，如爆炸物的含量、氧气含量以及激发能源等。因此其危险性较分解爆炸低，但这类爆炸更普遍，所造成的危害也较大。

2）按爆炸速度，可将爆炸分为以下 3 类。

①轻爆。爆炸传播速度在每秒零点几米至数米的爆炸过程。

②爆炸。爆炸传播速度在每秒 10 m 至数百米的爆炸过程。

③爆轰。爆炸传播速度在每秒 1 km 至数千米的爆炸过程。

3）按爆炸反应物质，可将爆炸分为以下 5 类。

①纯组元可燃气体热分解爆炸。纯组元可燃气体由于分解反应产生大量的热而引起的爆炸。

②可燃气体混合物爆炸。可燃气体或可燃液体蒸气与助燃气体如空气，按一定比例混合，在点火源的作用下引起的爆炸。

③可燃粉尘爆炸。可燃固体的微细粉尘，以一定浓度呈悬浮状态分散在空气等助燃气体中，在点火源作用下引起的爆炸。

④可燃液体雾滴爆炸。可燃液体在空气中被喷成雾状剧烈燃烧时引起的爆炸。

⑤可燃蒸气云爆炸。可燃蒸气云产生于设备蒸气泄漏喷出后所形成的滞留状态。密度比空气小的气体浮于上方，反之则沉于地面，滞留于低洼处。气体随风漂移形成连续气流，与空气混合达到其爆炸极限时，在引火源作用下即可引起爆炸。

爆炸在重大危险源装置中一般是以突发或偶发事件的形式出现的，而且往往伴随火灾发生，同时极易对原有重大危险源安全设施构成损坏，进而造成更加严重的事故后果或造成事故扩大。

（3）典型的爆炸类型有以下 2 种。

1）蒸气云爆炸（VCE）。化学过程工业中，大多数危险和破坏性的爆炸是 VCE。VCE 的发生过程如下：

①大量的可燃蒸气突然释放出来（当装有过热液体和受压液体的容器破裂时就会发生）。

②蒸气扩散遍及一个区域，同时与空气混合。

③产生的蒸气云被点燃。

任何涉及大量液化气体、挥发性过热液体或高压气体的过程都被认为是 VCE 发生的潜在源。

VCE 事故很难表述，主要是因为需要大量的参数。影响 VCE 特性的一些参数包括：释放物质的量、物质蒸发百分比、蒸气云点燃的可能性、点燃前蒸气云迁移的距离、蒸气云点燃前的延迟时间、发生爆炸而不是火灾的可能性、临界物质量、爆炸效率和点火源相对于释放处的位置。

从安全的角度来说，防止 VCE 发生的最好方法就是阻止物质的释放。不论安装了何种安全系统来防止点燃的发生，巨大的可燃物质气云都是很危险的，并且几乎是不可控制的。预防 VCE 的方法包括：保持较少的易挥发可燃物质的储存量；如果容器或管线破裂，则采用使闪蒸最小化的工艺条件，使用分析仪器检测低浓度的泄漏；安装自动切断阀，以便在泄漏或释放发生并处于发展的初始阶段及时关闭系统。

2）沸腾液体扩展蒸气云爆炸（BLEVE）。BLEVE 是一种能导致大量物质释放的特殊事故类型。当储存有温度高于大气压下沸点的液体储罐破裂时，就会发生 BLEVE，导致储罐内的大部分物质发生爆炸性蒸发；如果物质是可燃的，就可能进而发生 VCE；如果物质有毒，则大面积区域将遭受毒物的影响。对于任何一种情况，BLEVE 过程所释放的能量都能导致巨大的破坏。

任何引起过热液体（温度高于大气压下沸点的液体）储罐突然破裂的事故都

可能引发 BLEVE。通常 BLEVE 是由火灾引起的，发生过程如下：

①火灾发展到邻近装有液化气体的储罐。

②火灾加热储罐壁。

③液面以下储罐壁的热量被液体带走，液体汽化，液体温度和储罐内的压力增加。

④如果火焰抵达仅有蒸气而没有液体的储罐壁面或顶部，热量将不能被转移走，储罐罐壁材料的温度上升，直至储罐失去其结构强度。

⑤储罐破裂，内部液体迅速蒸发。

由于热量作用改变了容器原有强度等因素，容器很可能在低于设计压力的情况下失效。

如果液体是可燃的，并且火灾是导致事故的起因，那么当储罐破裂时，储罐内原有的液体将迅速汽化同时被点燃，此时的储罐破裂是物理爆炸，爆炸能量主要来自高压物料的瞬间膨胀和储罐材质的破裂；当汽化后的可燃物被点燃后，同时又发生燃烧进而形成化学爆炸，这就是此类事故极易造成严重后果的主要原因。

4. 如何理解物质爆炸浓度极限？对爆炸有何影响？哪些因素会影响爆炸极限？

爆炸浓度极限是表征可燃气体、蒸气或可燃粉尘危险性的主要指标之一。可燃气体、蒸气或可燃粉尘与空气（或氧）在一定浓度范围内均匀混合，遇到火源发生爆炸的浓度范围称为爆炸浓度极限，简称爆炸极限。

将这一浓度范围的混合气体（或粉尘）称为爆炸性混合气体（或粉尘）。可燃气体、蒸气的爆炸极限一般用可燃气体或蒸气在混合气体中所占体积分数（%）来表示；可燃粉尘的爆炸极限用混合物的质量浓度（g/m^3）来表示。

可燃气体的体积分数及质量浓度在 20 ℃时的换算公式为：

$$Y = (L/100)(1\,000M/22.4)[273/(273+20)] = LM/2.4$$

式中 L——体积分数，%；

Y——质量浓度，g/m^3；

M——可燃气体或蒸气的相对分子质量。

能够发生爆炸的最低浓度称为爆炸下限，最高浓度称为爆炸上限。用爆炸上限、下限之差与爆炸下限浓度之比值表示其危险度 H，即

$$H=(L_{上}-L_{下})/L_{下}\text{或}Y=(Y_{上}-Y_{下})/Y_{下}$$

一般情况下，H 值越大，表示可燃性混合物的爆炸极限范围越宽，爆炸危险性越大。

可燃气体、蒸气或粉尘爆炸极限的概念可以用热爆炸理论来解释。当可燃气体、蒸气或粉尘的浓度小于爆炸下限时，由于在混合物中含有过量的空气，过量空气的冷却作用及可燃物浓度的不足，导致系统得热小于失热，反应不能延续下去；同样，当可燃气体（或粉尘）的浓度大于爆炸上限时，会有过量的可燃物，过量的可燃物不仅因缺氧而不能参与反应、放出热量，反而起冷却作用，阻止了火焰的蔓延。还有爆炸上限达100%的可燃气体、蒸气（如环氧乙烷、硝化甘油等）和可燃粉尘（如火炸药粉尘），这类物质在分解时会自身供氧，使反应持续进行下去。随着气体压力和温度的升高，容易引起分解爆炸。

爆炸极限值不是一个物理常数，它随条件的变化而变化。在判断某工艺条件下的爆炸危险性时，需根据危险物品所处的条件来考虑其爆炸极限，如在火药、起爆药、炸药烘干工房内可燃蒸气的爆炸极限与其他工房在正常温度下的爆炸极限是不一样的；在受压容器和在正常压力下的爆炸极限也有所不同；其他因素如点火源的能量，容器的形状、大小，火焰的传播方向，惰性气体与杂质的含量等均对爆炸极限有影响。

5. 预防气体爆炸的措施有哪些?

在化工企业发生可燃气体爆炸事故极易造成严重的后果，因此，在日常生产活动中，必须高度重视相关工艺环节的保护要求。综合各类预防措施，其根本原则均为通过控制燃烧三要素，进一步避免发生燃烧爆炸。

（1）惰性气体保护。由于爆炸的形成需要有可燃物质、氧气以及一定的点火能量，用惰性气体取代空气，避免空气中的氧气进入系统，就消除了引发爆炸的一大因素，从而使爆炸过程不能形成。在化工生产中，采用的惰性气体（或阻燃

性气体）主要有氮气、二氧化碳、水蒸气、烟道气等。

（2）系统密闭和正压操作。装盛可燃、易爆介质的设备和管路，如果气密性不好，就会由于介质的流动性和扩散性，造成跑、冒、滴、漏现象，逸出的可燃、易爆物质在设备和管路周围空间形成爆炸性混合物。同样道理，当设备或系统处于负压状态时，空气就会渗入，在设备或系统内部形成爆炸性混合物。设备密闭不良是发生火灾和爆炸事故的主要原因之一。

容易发生可燃、易燃物质泄漏的部位主要有设备的转轴与壳体的密封处，设备的各种孔（如人孔、手孔、清扫孔等）盖及封头盖与主体的连接处，以及设备与管道、管件的各个连接处等。

为保证设备和系统的密闭性，在验收新设备时、设备修理之后及使用过程中，必须根据压力计的读数用压力试验来检查其密闭性，测定其是否漏气并进行气体分析。此外，可在接缝处涂抹肥皂液进行充气检测。为了检查无味气体（如氢、甲烷等）是否漏出，可在其中加入显味剂（如硫醇、氨等）。

当设备内部充满易爆物质时，要采用正压操作，以防外部空气渗入设备内。设备内的压力必须加以控制，不能高于或低于额定的数值。压力过高，轻则渗漏加剧，重则破裂导致大量可燃物质排出；压力过低，就有渗入空气、发生爆炸的可能。通常可设置压力报警器，在设备内压力失常时及时报警。

对爆炸危险度大的可燃气体（如乙炔、氢气等）以及危险设备和系统，在连接处应尽量采用焊接接头，减少法兰连接。

（3）厂房通风。要使设备达到绝对密闭是很难办到的，总会有一些可燃气体、蒸气或粉尘从设备系统中泄漏出来，而且生产过程中某些工艺（如喷漆）会大量释放可燃性物质。因此，必须用通风的方法使可燃气体、蒸气或粉尘的浓度不致达到危险的程度，一般应控制在爆炸下限20%以下。如果挥发物既有爆炸性又对人体有害，其浓度应同时控制到满足《工业企业设计卫生标准》（GBZ 1—2010）的要求。

在设计通风系统时，应考虑到气体的相对密度。某些比空气重的可燃气体或蒸气，即使是少量物质，如果在地沟等低洼地带积聚，也可能达到爆炸极限。此时，车间或厂房的下部应设通风口，使可燃、易爆物质及时排出。从车间排出含有可燃物质的空气时，应设防爆的通风系统，鼓风机的叶片应采用碰击时不会产生火花的材料制造，通风管内应设有防火遮板，在一处失火时可迅速隔断管路，避免波及他处。

（4）以不燃溶剂代替可燃溶剂。以不燃或难燃的溶剂代替可燃或易燃溶剂，是从本质安全角度提出的防火与防爆措施。因此，在满足生产工艺要求的条件下，应当尽可能地用不燃溶剂或火灾危险性小的溶剂代替易燃溶剂或火灾危险性较大的溶剂，这样可防止形成爆炸性混合物。

常用的不燃溶剂主要有甲烷和乙烷的氯衍生物，如四氯化碳、三氯甲烷和三氯乙烷等。使用汽油、丙酮、乙醇等易燃溶剂的生产，可以用四氯化碳、三氯乙烷或丁醇、氯苯等不燃溶剂或危险性较低的溶剂代替。又如四氯化碳用于代替溶解脂肪、沥青、橡胶等所采用的易燃溶剂。但部分不燃溶剂具有毒性，在发生火灾时能分解放出光气，因此应采取相应的安全措施。例如，为避免泄漏，必须保证设备的气密性，严格控制室内的蒸气浓度。

二、粉尘爆炸

1. 粉尘爆炸的条件、机理及过程是什么？

当可燃性固体呈粉体状态，粒度足够细，飞扬悬浮于空气中，并达到一定浓度时，在相对密闭的空间内，如遇到足够的点火能量，就能发生粉尘爆炸。具有粉尘爆炸危险性的物质较多，大体可分为 7 类：金属类（如镁粉、铝粉、其他金属等）、煤炭类（如活性炭、煤等）、粮食类（如面粉、淀粉、玉米粉、啤酒麦芽粉、麦糠、大麦粉等）、合成材料类（如塑料、染料、合成洗剂、合成黏结剂等）、饲料类（如血粉、鱼粉、饲料粉等）、农副产品类（如棉花、烟草、砂糖等）、林产品类（如纸粉、木粉等）。

（1）粉尘爆炸发生条件与机理。粉尘爆炸是一个瞬间的连锁反应，属于不稳定的气固二相流反应，其爆炸过程比较复杂，受诸多因素制约。

粉尘发生爆炸需具备 5 个必要因素：可燃粉尘、氧化剂、点火源、粉尘和空气的有效混合浓度比、相对封闭的空间。目前有 70%的工业生产产生的粉尘具有易燃特性，其中容易造成粉尘爆炸的可燃粉尘主要有：镁铝金属粉尘、面粉和饲料粉尘、仓库存放的粮食粉尘、木屑、煤尘、塑料粉尘、化学药品、淀粉、糖粉尘、烟草等。氧化剂是粉尘燃烧过程中提供氧化还原反应的助燃物质，粉尘爆炸中最常见的氧化剂是空气中的氧气。少数情况下二氧化碳和氮气也可成为氧化剂，如在铝粉尘中空气中的二氧化碳也会参与反应，镁粉尘中氮气也会参加反应，这使得二氧化碳和氮气不能作为铝镁粉尘的抑制剂。通常认为热能高于10 mJ的火源或温度高于400 ℃的过热表面都可成为粉尘爆炸的点火源，常见的粉尘爆炸点火源有：外界明火和外界热源、粉尘堆积自发热量积聚闷烧、高温设备、电火花、摩擦火花和热能、静电、碰撞产生的火花等。

爆炸往往将沉积的大量粉尘抛向空中，因此一次小规模的粉尘爆炸往往会引发连锁反应，造成更严重的二次爆炸。容易聚集粉尘并发生爆炸的设备和场所包括：木材和金属的粉碎机、粉尘收集器、鼓风机、静电除尘器、过滤器、研磨机、干燥机、搅拌机、通风管道、存储区域等。

（2）粉尘爆炸发生过程。悬浮的粉尘颗粒在点火源的瞬间点火能作用下迅速被氧化剂氧化，发生氧化还原反应，反应时又释放出更大的热量，点燃周边的可燃粉尘。在物体表面沉积的粉尘也会被强烈空气流动扬起参与燃烧，这种连锁反应非常快，瞬间产生大量的热能并使空间压力上升，当压力超过密闭空间的外壳能承受的压力值时，便会发生爆炸。值得注意的是，大多数严重的粉尘爆炸事故都是由二次爆炸造成的。粉尘爆炸一开始往往发生在空间或设备内一个很小的区域，这种爆炸称为一次爆炸，其威力不大，但往往会扬起附近沉积的粉尘，在爆炸后短时间内爆炸中心区会形成负压，周围的新鲜空气便由外向内填补进来，与扬起的粉尘混合，形成危险的可燃粉尘云。1 mm厚总质量500 g的粉尘沉积层可以形成一个高5 m、体积100 m^3 的可燃粉尘云。这些可燃粉尘云如被第一次爆炸点燃，则会产生一系列威力更大的爆炸，即二次爆炸。

2. 影响粉尘爆炸的主要因素有哪些？

因机械过程（如破碎、筛分、运输等）而产生的、能在气体中分散（悬浮）一定时间的固体粒子称为粉尘。粉尘的粒径范围很广，由1/10 μm到数百微米。

在常见的工业生产中，粉尘一般来自破碎机械的破碎动作，此时的粉尘可能是动作的主要产物，也可能是次生产物。其中，机械做功所消耗的能量部分转化为表面吉布斯自由能储存于单个粉尘颗粒，同时，粉尘颗粒越细小，其比表面积越大，表面能也越大，即单位体积内相等质量的粉尘所储存的总表面能就越大。以煤粉尘为例，一块 1 g 重的煤，其表面积为 6 cm^2；1 g 重的煤粉飘尘（直径 10 μm），其表面积可达 2 m^2。因此，影响粉尘爆炸的几个因素可大致归纳如下。

（1）粒径大小。这是影响其反应速度的重要因素。颗粒越小越易燃烧，爆炸也越强烈。粒径在 200 μm 以下，且分散度较大时，易于在空中飘浮，吸热快，容易着火。粒径超过 500 μm 并含有一定数量的大颗粒则不易起爆。

（2）化学成分。有机物粉尘中若含有羧基、羟基、氨基、亚硝基、氰基和偶氮基的官能团时，发生爆炸的危险性较大；含卤素和钾、钠的粉尘，爆炸趋势减弱。

（3）爆炸浓度。在一个给定容积中，能够传播火焰的悬浮粉尘的最小重量称为爆炸浓度。通常，达到爆炸浓度的粉尘才会发生爆炸。

（4）空气湿度。当空气湿度较大时，亲水性粉尘会吸附水分，从而使粉尘难以弥散和着火，传播火焰的速度也会减小。湿度大的粉尘即使着火，其热量首先消耗在蒸发粉尘中的水分，然后才用于燃烧过程。粉尘湿度超过 30%便不易起爆。

（5）有足够的点火温度。粉尘爆炸大多起源于外部火源，如机械撞击、电焊和切割、静电火花或电火花、摩擦火花、火柴和高温体传热等。这类火源最低点火温度为 300 ℃。

3. 如何预防粉尘爆炸？

（1）减少粉尘暴露。粉尘着火、爆炸需要氧化剂，大气与可燃爆粉尘的混合增大了粉尘燃爆危险性，减少粉尘的大量暴露是减少粉尘爆炸事故的首要措施。选用质量过关的零部件及成熟的工艺、设施，同时加强设备定期维修以减少管线的跑、冒、滴、漏，防止出现粉尘物料外泄。动火作业前，尤其是密闭空间的动火作业，施工空间的卫生清扫工作极其重要。

（2）严格控制各类可能的点火源是避免粉尘着火、爆炸的最重要手段。例如，工作区域要避免或严格控制明火（如吸烟、电焊、气割、气焊等）。明火加热设备应远离物料区，不用明火照明，车间内要尽可能地限制取暖设备、照明设备，机动车辆进入厂区要带防火罩等。

（3）物料的使用及控制不当导致事故的发生。生产工艺的设计应极力减少或不用危险性靠前的物料；微粒的细化工序应尽可能地采用湿式或在惰性环境下进行；危险物料应尽量在密闭的空间内加工及运输，以隔绝空气、水蒸气；被粉碎的物料必须经过严格的筛选、去石和吸铁处理，以免产生火花；设备排空时，要采用独立除尘净化设备，杜绝用管道连接集中处理。

（4）采取结构性防爆措施。加工可燃粉尘的工厂建筑物尽可能采用敞开式或室外露天式。建筑物位置的选择原则是：爆炸时，即使从轻型屋盖或墙壁向外泄放爆炸火焰时，也不要危及其他作业场地和建筑物。除此之外，还要设置必要的抗爆、泄爆、抑爆及隔爆等结构性防爆设施。

三、化工工艺基础知识

1. 重点监管的危险化工工艺及其危险特点有哪些？

国家安全生产监督管理总局分别于 2009 年、2013 年公布了《首批重点监管的危险化工工艺目录》《首批重点监管的危险化工工艺安全控制要求、重点监控参数及推荐的控制方案》《第二批重点监管危险化工工艺目录》和《第二批重点监管危险化工工艺重点监控参数、安全控制基本要求及推荐的控制方案》，明确了 18 种重点监管的危险化工工艺及其工艺安全控制措施。

（1）光气及光气化工艺。光气及光气化工艺包含光气的制备工艺，以及以光气为原料制备光气化产品的工艺路线，光气化工艺主要分为气相和液相两种。

光气及光气化工艺具有以下 3 方面的工艺危险特点。

1）光气为剧毒气体，在储运、使用过程中发生泄漏后，易造成大面积污染、中毒事故。

2）反应介质具有燃爆危险性。

3）副产物氯化氢具有腐蚀性，易造成设备和管线泄漏，使人员发生中毒事故。

（2）电解工艺（氯碱）。电流通过电解质溶液或熔融电解质时，在两个极上所引起的化学变化称为电解反应。涉及电解反应的工艺过程为电解工艺。许多基本化学工业产品（如氢、氧、氯、烧碱、过氧化氢等）的制备，都是通过电解来实现的。

电解工艺（氯碱）具有以下 4 方面的工艺危险特点。

1）电解食盐水过程中产生的氢气是极易燃烧的气体，氯气是氧化性很强的剧毒气体，两种气体混合极易发生爆炸，当氯气中含氢量达到 5%（体积分数）以上，则随时可能在光照或受热情况下发生爆炸。

2）如果盐水中存在的铵盐超标，在适宜的条件（pH<4. 5）下，铵盐和氯作用可生成氯化铵，浓氯化铵溶液与氯还可生成黄色油状的三氯化氮。三氯化氮是一种爆炸性物质，与许多有机物接触或加热至 90 ℃以上以及被撞击、摩擦等，即发生剧烈的分解而爆炸。

3）电解溶液腐蚀性强。

4）液氯的生产、储存、包装、输送、运输可能发生液氯的泄漏。

（3）氯化工艺。氯化是化合物的分子中引入氯原子的反应，包含氯化反应的工艺过程为氯化工艺，主要包括取代氯化、加成氯化、氧氯化等。

氯化工艺具有以下 6 方面的工艺危险特点。

1）氯化反应是一个放热过程，尤其在较高温度下进行氧化，反应更为剧烈，速度快，放热量较大。

2）所用的原料大多具有燃爆危险性。

3）常用的氯化剂——氯气本身为剧毒化学品，氧化性强，储存压力较高，多数氯化工艺采用液氯生产是先汽化再氯化，一旦泄漏危险性较大。

4）氯气中的杂质，如水、氢气、氧气、三氯化氮等，在使用中易发生危险，特别是三氯化氮积累后，容易引发爆炸危险。

5）生成的氯化氢气体遇水后腐蚀性强。

6）氯化反应尾气可能形成爆炸性混合物。

（4）硝化工艺。硝化是有机化合物分子中引入硝基（$-NO_2$）的反应，最常见的是取代反应。硝化方法可分成直接硝化法、间接硝化法和亚硝化法，分别用于生产硝基化合物、硝胺、硝酸酯和亚硝基化合物等。涉及硝化反应的工艺过程为硝化工艺。

硝化工艺具有以下 4 方面的工艺危险特点。

1）反应速度快，放热量大。大多数硝化反应是在非均相中进行的，反应组分的不均匀分布容易引起局部过热导致危险。尤其在硝化反应开始阶段，停止搅拌或由于搅拌叶片脱落等造成搅拌失效是非常危险的，一旦搅拌再次开动，就会突然引发局部激烈反应，瞬间释放大量的热量，引起爆炸事故。

2）反应物料具有燃爆危险性。

3）硝化剂具有强腐蚀性、强氧化性，与油脂、有机化合物（尤其是不饱和有机化合物）接触能引起燃烧或爆炸。

4）硝化产物、副产物具有爆炸危险性。

（5）合成氨工艺。氮和氢两种组分按一定比例（1∶3）组成的气体（合成气），在高温、高压（一般为 400～450 ℃，15～30 MPa）下经催化反应生成氨的工艺过程。

合成氨工艺具有以下 5 方面的工艺危险特点。

1）高温、高压使可燃气体爆炸极限扩宽，气体物料一旦过氧（亦称透氧），极易在设备和管道内发生爆炸。

2）高温、高压气体物料从设备管线泄漏时会迅速膨胀与空气混合形成爆炸性混合物，遇到明火或因高流速物料与裂（喷）口处摩擦产生静电火花引起着火和空间爆炸。

3）气体压缩机等转动设备在高温下运行会使润滑油挥发裂解，在附近管道内造成积炭，可导致积炭燃烧或爆炸。

4）高温、高压可加速设备金属材料发生蠕变、改变金相组织，还会加剧氢气、氮气对钢材的氢蚀及渗氮，加剧设备的疲劳腐蚀，使其机械强度减弱，引发物理爆炸。

5）液氨大规模事故性泄漏会形成低温云团引起大范围人群中毒，遇明火还会发生空间爆炸。

（6）裂解（裂化）工艺。裂解是指石油系的烃类原料在高温条件下，发生碳链断裂或脱氢反应，生成烯烃及其他产物的过程。产品以乙烯、丙烯为主，同时生成丁烯、丁二烯等烯烃和裂解汽油、柴油、燃料油等副产品。

烃类原料在裂解炉内进行高温裂解，产出组成为氢气、低/高碳烃类、芳烃类以及馏分为 288 ℃以上的裂解燃料油的裂解气混合物。经过急冷、压缩、激冷、分馏以及干燥和加氢等方法，分离出目标产品和副产品。

在裂解过程中，同时伴随缩合、环化和脱氢等反应。由于所发生的反应很复杂，通常把反应分成两个阶段。第一阶段，原料变成的目的产物为乙烯、丙烯，这种反应称为一次反应。第二阶段，一次反应生成的乙烯、丙烯继续反应转化为炔烃、二烯烃、芳烃、环烷烃，甚至最终转化为氢气和焦炭，这种反应称为二次反应。裂解产物往往是多种组分混合物。影响裂解的基本因素主要为温度和反应的持续时间。化工生产中用热裂解的方法生产小分子烯烃、炔烃和芳香烃，如乙烯、丙烯、丁二烯、乙炔、苯和甲苯等。

裂解（裂化）工艺具有以下 5 方面的工艺危险特点。

1）在高温（高压）下进行反应，装置内的物料温度一般超过其自燃点，若漏出会立即引起火灾。

2）炉管内壁结焦会使流体阻力增加，影响传热，当焦层达到一定厚度时，因炉管壁温度过高，而不能继续运行下去，必须进行清焦，否则会烧穿炉管，裂解气外泄，引起裂解炉爆炸。

3）如果由于断电或引风机机械故障而使引风机突然停转，则炉膛内很快变成正压，会从窥视孔或烧嘴等处向外喷火，严重时会引起炉膛爆炸。

4）如果燃料系统大幅度波动，燃料气压力过低，则可能造成裂解炉烧嘴回火，使烧嘴烧坏，甚至会引起爆炸。

5）有些裂解工艺产生的单体会自聚或爆炸，需要向生产的单体中加阻聚剂或稀释剂等。

（7）氟化工艺。氟化是化合物的分子中引入氟原子的反应，涉及氟化反应的工艺过程为氟化工艺。氟与有机化合物作用是强放热反应，放出大量的热可使反应物分子结构遭到破坏，甚至着火爆炸。氟化剂通常为氟气、卤族氟化物、惰性元素氟化物、高价金属氟化物、氟化氢、氟化钾等。

氟化工艺具有以下3方面的工艺危险特点。

1）反应物料具有燃爆危险性。

2）氟化反应为强放热反应，不及时排除反应热量，易导致超温超压，引发设备爆炸事故。

3）多数氟化剂具有强腐蚀性、剧毒，在生产、储存、运输、使用等过程中，容易因泄漏、操作不当、误接触以及其他意外而造成危险。

（8）加氢工艺。加氢是在有机化合物分子中加入氢原子的反应，涉及加氢反应的工艺过程为加氢工艺，主要包括不饱和键加氢、芳环化合物加氢、含氮化合物加氢、含氧化合物加氢、氢解等。

加氢工艺具有以下4方面的工艺危险特点。

1）反应物料具有燃爆危险性，氢气的爆炸极限为4%~75%（体积分数），具有高燃爆危险特性。

2）加氢为强烈的放热反应，氢气在高温高压下与钢材接触，钢材内的碳分子易与氢气发生反应生成碳氢化合物，使钢制设备强度降低，发生氢脆。

3）催化剂再生和活化过程中易引发爆炸。

4）加氢反应尾气中有未完全反应的氢气和其他杂质，在排放时易引发着火或爆炸。

（9）重氮化工艺。一级胺与亚硝酸在低温下作用，生成重氮盐的反应称为重氮化反应。脂肪族、芳香族和杂环的一级胺都可以进行重氮化反应。涉及重氮化反应的工艺过程为重氮化工艺。通常重氮化试剂是由亚硝酸钠和盐酸作用临时制备的。除盐酸外，也可以使用硫酸、高氯酸和氟硼酸等无机酸。脂肪族重氮盐很不稳定，即使在低温下也能迅速自发分解，芳香族重氮盐较为稳定。

重氮化工艺具有以下3方面的工艺危险特点。

1）重氮盐在温度稍高或光照的作用下，特别是含有硝基的重氮盐极易分解，有的甚至在室温时亦能分解。在干燥状态下，有些重氮盐不稳定，活性强，受热或摩擦、撞击等作用能发生分解甚至爆炸。

2）重氮化生产过程所使用的亚硝酸钠是无机氧化剂，175 ℃时能发生分解、与有机物反应导致着火或爆炸。

3）反应原料具有燃爆危险性。

（10）氧化工艺。氧化为有电子转移的化学反应中失电子的过程，即氧化数升高的过程。多数有机化合物的氧化反应表现为反应原料得到氧或失去氢。涉及氧化反应的工艺过程为氧化工艺。常用的氧化剂有空气、氧气、过氧化氢、氯酸钾、高锰酸钾、硝酸盐等。

氧化工艺具有以下 4 方面的工艺危险特点。

1）反应原料及产品具有燃爆危险性。

2）反应气相组成容易达到爆炸极限，具有闪爆危险。

3）部分氧化剂具有燃爆危险性，如氯酸钾、高锰酸钾、铬酸酐等都属于氧化剂，如遇高温或受撞击、摩擦以及与有机物、酸类接触，皆能引起火灾爆炸。

4）产物中易生成过氧化物，化学稳定性差，受高温、摩擦或撞击作用易分解、燃烧或爆炸。

（11）过氧化工艺。向有机化合物分子中引入过氧基（-O-O-）的反应称为过氧化反应，得到的产物为过氧化物的工艺过程称为过氧化工艺。

过氧化工艺具有以下 3 方面的工艺危险特点。

1）过氧化物都含有过氧基（-O-O-），属含能物质，由于过氧键结合力弱，断裂时所需的能量不大，对热、振动、冲击或摩擦等都极为敏感，极易分解甚至爆炸。

2）过氧化物与有机物、纤维接触时易发生氧化、产生火灾。

3）反应气相组成容易达到爆炸极限，具有燃爆危险。

（12）胺基化工艺。胺基化是在分子中引入胺基（R_2N-）的反应，包括 $R-CH_3$ 烃类化合物（R：氢、烷基、芳基）在催化剂存在下，与氨和空气的混合物进行高温氧化反应，生成腈类等化合物的反应。涉及上述反应的工艺过程为胺基化工艺。

胺基化工艺具有以下 4 方面的工艺危险特点。

1）反应介质具有燃爆危险性。

2）在常压下 20 ℃时，氨气的爆炸极限为 15%～27%（体积分数），随着温度、压力的升高，爆炸极限的范围增大。因此，在一定的温度、压力和催化剂的作用下，氨的氧化反应放出大量热，一旦氨气与空气比失调，就可能发生爆炸事故。

3）由于氨呈碱性，具有强腐蚀性，在混有少量水分或湿气的情况下无论是气态或液态氨都会与铜、银、锡、锌及其合金发生化学作用。

4）氨易与氧化银或氧化汞反应生成爆炸性化合物（雷酸盐）。

（13）磺化工艺。磺化是向有机化合物分子中引入磺酰基（$-SO_3H$）的反应。磺化方法分为三氧化硫磺化法、共沸去水磺化法、氯磺酸磺化法、烘焙磺化法和亚硫酸盐磺化法等。涉及磺化反应的工艺过程为磺化工艺。磺化反应除了增加产物的水溶性和酸性外，还可以使产品具有表面活性。芳烃经磺化后，其中的磺酸基可进一步被其他基团［如羟基（$-OH$）、氨基（$-NH_2$）、氰基（$-CN$）等］取代，生产多种衍生物。

磺化工艺具有以下 2 方面的工艺危险特点。

1）反应原料具有燃爆危险性；磺化剂具有氧化性、强腐蚀性；如果投料顺序颠倒、投料速度过快、搅拌不良、冷却效果不佳等，都有可能造成反应温度异常升高，使磺化反应变为燃烧反应，引起火灾或爆炸事故。

2）氧化硫易冷凝堵管，泄漏后易形成酸雾，危害较大。

（14）聚合工艺。聚合是一种或几种小分子化合物变成大分子化合物（也称高分子化合物或聚合物，通常相对分子质量为 1×10^4～1×10^7）的反应，涉及聚合反应的工艺过程为聚合工艺。聚合工艺的种类很多，按聚合方法可分为本体聚合、悬浮聚合、乳液聚合、溶液聚合等。

聚合工艺具有以下 3 方面的工艺危险特点。

1）聚合原料具有自聚和燃爆危险性。

2）如果反应过程中热量不能及时移出，随物料温度上升，发生裂解和暴聚，所产生的热量使裂解和暴聚过程进一步加剧，进而引发反应器爆炸。

3）部分聚合助剂危险性较大。

（15）烷基化工艺。把烷基引入有机化合物分子中的碳、氮、氧等原子上的反应称为烷基化反应。涉及烷基化反应的工艺过程为烷基化工艺，可分为C-烷基化反应、N-烷基化反应、O-烷基化反应等。

烷基化工艺具有以下3方面的工艺危险特点。

1）反应介质具有燃爆危险性。

2）烷基化催化剂具有自燃危险性，遇水剧烈反应，放出大量热量，容易引起火灾甚至爆炸。

3）烷基化反应都是在加热条件下进行的，原料、催化剂、烷基化剂等加料次序颠倒、加料速度过快或者搅拌中断停止等异常现象容易引起局部剧烈反应，造成跑料，引发火灾或爆炸事故。

（16）新型煤化工工艺。新型煤化工工艺是以煤为原料，经化学加工使煤直接或者间接转化为气体、液体和固体燃料、化工原料或化学品的工艺。主要包括煤制油（甲醇制汽油、费-托合成油）、煤制烯烃（甲醇制烯烃）、煤制二甲醚、煤制乙二醇（合成气制乙二醇）、煤制甲烷气（煤气甲烷化）、煤制甲醇、甲醇制醋酸等工艺。

新型煤化工工艺具有以下5方面的工艺危险特点。

1）反应介质涉及一氧化碳、氢气、甲烷、乙烯、丙烯等易燃气体，具有燃爆危险性。

2）反应过程多为高温、高压过程，易发生工艺介质泄漏，引发火灾、爆炸和一氧化碳中毒事故。

3）反应过程可能形成爆炸性混合气体。

4）多数煤化工新工艺反应速度快，放热量大，易造成反应失控。

5）反应中间产物不稳定，易造成分解爆炸。

（17）电石生产工艺。电石生产工艺是以石灰和碳素材料（如焦炭、兰炭、石油焦、冶金焦、白煤等）为原料，在电石炉内依靠电弧热和电阻热在高温进行反应，生成电石的工艺过程。电石炉型式主要分为2种，即内燃型和全密闭型。

电石生产工艺具有以下5方面的工艺危险特点。

1）电石炉工艺操作具有火灾、爆炸、烧伤、中毒、触电等危险性。

2）电石遇水会发生激烈反应，生成乙炔气体，具有燃爆危险性。

3）电石的冷却、破碎过程具有人身伤害、烫伤等危险性。

4）反应产物一氧化碳有毒，与空气混合到12.5%~74%时会引起燃烧和爆炸。

5）生产中漏糊造成电极软断时，会使炉气出口温度突然升高，炉内压力突然增高，造成严重的爆炸事故。

（18）偶氮化工艺。合成通式为R-N=N-R的偶氮化合物的反应称为偶氮化反应，式中，R为脂烃基或芳烃基，两个R基可相同或不同。涉及偶氮化反应的工艺过程为偶氮化工艺。脂肪族偶氮化合物由相应的肼经过氧化或脱氢反应制取。芳香族偶氮化合物一般由重氮化合物的偶联反应制备。

偶氮化工艺具有以下3方面的工艺危险特点。

1）部分偶氮化合物极不稳定，活性强，受热或摩擦、撞击等作用能发生分解甚至爆炸。

2）偶氮化生产过程所使用的肼类化合物毒性高，具有腐蚀性，易发生分解爆炸，遇氧化剂能自燃。

3）反应原料具有燃爆危险性。

2. 工艺安全信息的内容及管理有哪些?

工艺安全信息是化学品、工艺技术和工艺设备的准确、系统的资料，是开展过程安全管理的基础。完整的工艺安全信息可以帮助企业及员工了解工艺系统的危害，进而有效地控制危害。此外，工艺安全信息是工艺安全分析、操作规程及培训资料的重要参考文件，同时也是工艺系统设计、安装、操作和维护的重要载体。工艺安全信息的内容及管理包括：化学品危害信息、工艺技术信息、工艺设备信息和工艺安全信息管理。

（1）化学品危害信息。化学品危害信息是指工艺过程中涉及的原料、中间产物、催化剂、添加剂、最终产物和废物等的理化、安全和应急措施等信息，主要包括：毒性、允许暴露限值、物理参数（如沸点、蒸气压、密度、溶解度、闪点、爆炸极限）、反应特性（如分解反应、聚合反应）、腐蚀性数据、腐蚀性及材质的不相容性、热稳定性和化学稳定性（如受热是否发生分解、暴露于空气中或被撞击时是否稳定)、与其他物质混合时的不良后果及混合后是否发生反应、泄漏化学品的处置方法等。

(2) 工艺技术信息。工艺技术信息是对工艺的具体描述，主要包括：工艺流程框图或简图，工艺化学原理资料（包括可能出现的副反应和失控反应），工艺操作步骤、标准操作条件及安全操作范围（如温度、压力、流量、液位或组分等)，设计的物料最大储存量，偏离正常工作状态的后果评估（包括对员工的安全和健康的影响）等。

(3) 工艺设备信息。工艺设备信息主要包括：材质、工艺控制流程图(PID)、电气设备危险等级区域划分图、泄压系统设计和设计基础、通风系统的设计图、设计标准或规范、物料平衡表和能量平衡表、计量控制系统、安全系统(如联锁、检测或抑制系统)。

(4) 工艺安全信息管理。工艺安全信息通常包含在技术手册、操作规程、培训材料或其他工艺文件中。工艺安全信息文件应纳入企业文件控制系统予以管理，保持最新版本。

3. 控制化工工艺参数的技术措施有哪些?

控制化工工艺参数，即控制反应温度，压力，进料的速度、温度、配比、顺序以及原材料的纯度等。

(1) 温度控制。温度是化工生产中的主要控制参数。准确控制反应温度不但对保证产品质量、降低能耗有重要意义，也是防火防爆所必需的。为了严格控制温度，需从以下 3 个方面采取相应措施。

1) 有效除去反应热。对于相当多数的放热化学反应应选择有效的传热设备、传热方式及传热介质，保证反应热及时导出，防止超温。

还要注意随时解决传热面结垢、结焦的问题，因为它会大大降低传热效率，而这种结垢、结焦现象在化工生产中又是较常见的。

2) 正确选用传热介质。在化工生产中常用传热介质来进行加热。常用的传热介质有水蒸气、热水、烟道气、碳氢化合物、熔盐等。正确选择传热介质对加热过程的安全十分重要，应避免选择容易与反应物料相作用的物质作传热介质。

如不能用水来加热或冷却环氧乙烷，因为微量水也会引起液体环氧乙烷自聚发热而爆炸，此种情况宜选用液体石蜡作传热介质。

3）防止搅拌中断。搅拌可以加速反应物料混合以及热传导。有的生产过程如果搅拌中断，可能会造成局部反应加剧和散热不良而发生超压爆炸。对因搅拌中断可能引起事故的化工装置，应采取防止搅拌中断的措施，如采用双路供电等。

（2）压力控制。压力是化工生产的基本参数之一。在化工生产中，有许多反应需要在一定压力下才能进行，或者要用加压方法来加快反应速度，提高效率。因此，加压操作在化工生产中普遍采用，所使用的塔、釜、器、罐等大部分是压力容器。

为了确保安全生产，不因压力失控造成事故，除了要求受压系统中的所有设备、管道必须按照设计要求，保证其耐压强度、气密性，有安全阀等泄压设施外，还必须装设灵敏、准确、可靠的测量压力的仪表——压力计。而且要按照设计压力或最高工作压力以及有关规定，正确选用、安装和使用压力计，并在生产运行期间保持完好。

（3）进料控制。

1）进料速度。对于放热反应，进料速度不能超过设备的散热能力，否则物料温度将会急剧升高，引起物料的分解，有可能造成爆炸事故。进料速度过低，部分物料可能因温度过低，反应不完全而积聚。一旦达到反应温度时，有可能使反应加剧进行，因温度、压力急剧升高而发生爆炸。

2）进料温度。进料温度过高，可能造成反应失控而发生事故；进料温度过低，情况与进料速度过低相似。

3）进料配比。反应物料的配比要严格控制，尤其是对连续化程度较高、危险性较大的生产，更需注意。如环氧乙烷生产中，反应原料乙烯与氧的浓度接近爆炸极限范围，必须严格控制。尤其在开、停车过程中，乙烯和氧的浓度在不断变化，且开车时催化剂活性较低，容易造成反应器出口氧浓度过高。为保证安全，应设置联锁装置，经常核对循环气的组成。

4）进料顺序。有些生产过程，进料顺序是不能颠倒的。如氯化氢合成应先投氢后投氯、三氯化磷生产应先投磷后投氯等，反之就会发生爆炸。

（4）原料纯度控制。许多化学反应，由于反应物料中危险杂质的增加导致副反应、过反应的发生而引起燃烧、爆炸。

1）生产乙炔时要求电石含磷量不超过 0.08%（质量分数），因为磷（即磷化钙）遇水后生成磷化氢，磷化氢遇空气燃烧，可导致乙炔—空气混合气爆炸。

2）循环使用的反应原料气中，如果其中有害杂质气体不清除干净，在循环过程中就会越积越多，最终导致爆炸。如空分装置里液氧中的有机物（烃）含量过高，就会引起爆炸。这需要在工艺上采取措施，如在循环使用前将有害杂质吸收清除或将部分反应气体放空以及加强监测等，以保证有害杂质气体含量不超过标准。

思考题

1. 如何通过控制工艺参数做好安全生产工作？
2. 危险化学品燃烧与爆炸的关系是什么？

第三节　风险管理基础知识

一、风险基本概念

1. 什么是风险？什么是风险点？

根据《企业安全生产标准化基本规范》（GB/T 33000—2016）的规定，风险是发生危险事件或有害暴露的可能性，与随之引发的人身伤害、健康损害或财产损失的严重性的组合。在《危险化学品企业安全风险隐患排查治理导则》中明确了风险是某一特定危害事件发生的可能性与其后果严重性的组合。

《危险化学品企业安全风险隐患排查治理导则》规定，风险点是指存在安全风险的设施、部位、场所和区域，以及在设施、部位、场所和区域实施的伴随风险的作业活动，或以上两者的组合。

2. 什么是危险源？危险源是如何分类的？

（1）危险源是指可能造成人员伤亡、疾病、财产损失、工作环境破坏的根源或/和状态（或行为）。

（2）危险源可分为两类：第一类危险源（根源）和第二类危险源（状态/行为）。

1）第一类危险源（根源）是指可能发生意外释放的能量或危险物质，如高温、高压、液化烃、甲醇等。第一类危险源是导致各类事故事件的最根本的原因，“根源”的性质、数量影响着事故事件后果的严重程度。

2）第二类危险源（状态/行为）是指导致能量或危险物质管控措施破坏或失效的各种因素，包括人的不安全行为、物的不安全状态以及不良的环境因素等。“状态/行为”影响着事故事件发生的可能性。第二类危险源（状态/行为）是人、物、环境的某种不好的状态或情形，“人”“物”“环境”是“状态/行为”的载体，单纯的“人”“物”“环境”则不是危险源，或者说，有不安全行为的人、有不安全状态的物、不良的环境才是危险源。例如，某位员工在进行高处作业，安全带低挂高用。这个场景里，员工、安全带都不是危险源，而高处作业（有势能）、安全带低挂高用（不安全的行为）是危险源。例如，一个容积为 80 m^3 的液氯储罐，现储存有 50 t 液氯。第一类危险源是 50 t 液氯，第二类危险源可能是液氯储罐“安全阀根部阀关闭”“液氯储罐局部腐蚀减薄”“储罐进出管道缺少紧急切断阀”“罐区未设置有毒气体检测报警器”等物的不安全状态。但液氯储罐、安全阀、有毒气体检测报警器等不是危险源。结合“隐患”的定义是指人的不安全行为、物的不安全状态和管理的缺陷，可以这样简单地理解为：第二类危险源就是隐患。

两类危险源在事故中的作用示意图如图 3-1 所示。

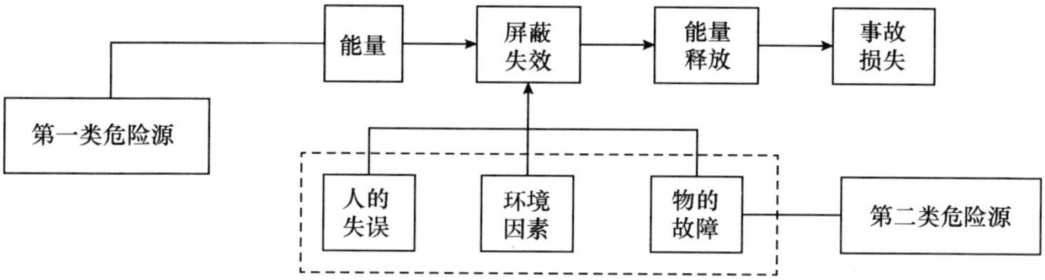

图 3-1　两类危险源在事故中的作用示意图

3. 化工企业危险和有害因素主要有哪些?

在危险源辨识过程中，企业应充分考虑在生产过程中可能存在的危险有害因素。依据《生产过程危险和有害因素分类与代码》（GB/T 13861—2022），生产过程危险和有害因素共分为 4 大类，分别是“人的因素”“物的因素”“环境因素”和“管理因素”。

人的因素包括：心理、生理性危险和有害因素、行为性危险和有害因素。

物的因素包括：物理性危险和有害因素、化学性危险和有害因素、生物性危险和有害因素。

环境因素包括：室内作业场所环境不良、室外作业场地环境不良、地下（含水下）作业环境不良、其他作业环境不良。

管理因素包括：职业安全卫生管理机构设置和人员配备不健全、职业安全卫生责任制不完善或未落实、职业安全卫生管理制度不完善或未落实、职业安全卫生投入不足、应急管理缺陷、其他管理因素缺陷。

4. 事故致因理论主要有哪些?

（1）事故频发倾向理论。该理论认为，事故频发倾向者的存在是工业事故发生的主要原因，即少数具有事故频发倾向的工人是事故频发倾向者，他们的存在是工业事故发生的原因。这种理论目前不被大多数人认可。

（2）海因里希的事故因果连锁理论。该理论把工业伤害事故的发生、发展过程描述为具有一定因果关系事件的连锁发生过程，认为伤亡事故的发生不是一个孤立的事件，尽管伤害可能在某瞬间突然发生，却是一系列事件相继发生的结果。

该理论将事故因果连锁过程概括为以下 5 个因素：遗传及社会环境、人的缺点、人的不安全行为或物的不安全状态、事故、伤害。即不良环境诱发或者是由先天的遗传因素造成人的缺点，人的缺点造成人的不安全行为或物的不安全状态，人的不安全行为或物的不安全状态导致事故的发生，事故的发生造成人员的伤害。因此，企业安全管理工作的中心就是防止人的不安全行为，消除机械或物质的不安全状态，中断事故连锁的进程，便可以避免事故的发生。海因里希事故因果连锁示意图如图 3-2 所示。

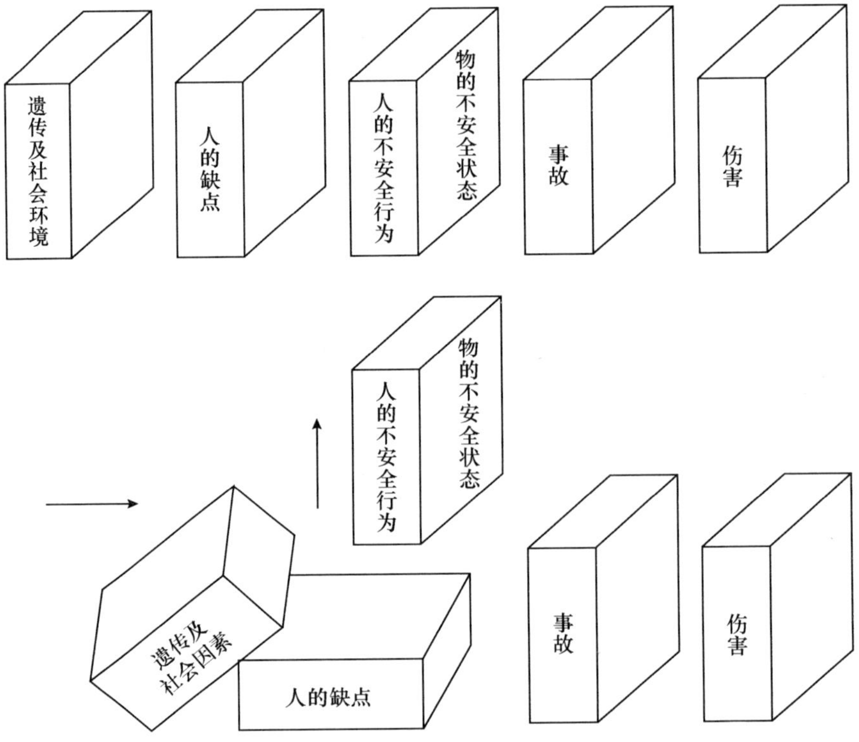

图 3-2　海因里希事故因果连锁示意图

（3）能量意外释放论。该理论认为，大多数伤亡事故都是由于能量或有害物质的意外释放所引起的，这种意外释放都来源于人的不安全行为或物的不安全状态。因此可以利用各种屏蔽来防止意外的能量转移，从而防止事故的发生。

（4）轨迹交叉论。该理论的基本思想是：伤害事故是由许多相互关联的事件顺序发展的结果，这些事件概括起来可分为人和物（包括环境）两条运动轨迹。

在系统中，当人的不安全行为（人为失误）和物的不安全状态（多为机械故障和物的不安全放置）在各自发展过程中延伸，在一定时间、空间发生了接触（交叉），使能量逆流于人体时，伤害事故就会发生，即两条轨迹的交叉点就是事故发生的时间和空间。轨迹交叉理论示意图如图 3-3 所示。

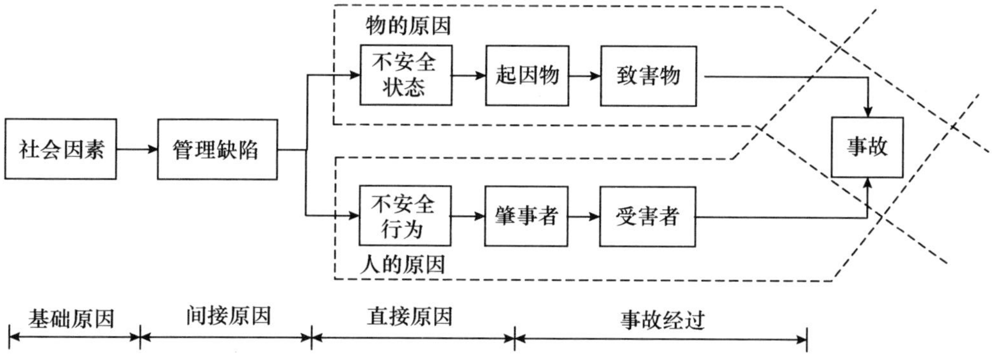

图 3-3　轨迹交叉理论示意图

（5）系统致因理论（两类危险源理论）。该理论认为，一起事故的发生是两类危险源共同起作用的结果，第一类危险源的存在是事故发生的条件（主体），是第二类危险源出现的前提，并决定事故后果的严重程度；第二类危险源的出现是第一类危险源导致事故的必要条件，决定事故发生的可能性。

（6）现代因果连锁理论（治理失误论）。该理论强调，管理因素作为背后的原因，在事故中起着重要作用，人的不安全行为或物的不安全状态是工业事故的直接原因，必须加以追究。但是，它们又只是其背后深层原因的征兆，是管理上缺陷的反映。只有找出深层的、背后的原因，改进企业安全管理，才能有效地防止事故发生。

（7）瑞士奶酪理论。该理论认为，重大事故的发生都是多个环节或关口失效、缺陷或漏洞的结果。该理论意思是，放在一起的若干片奶酪，光线很难穿透，但每一片奶酪上都有若干个洞，代表每一个作业环节所可能产生的失误或技术上存在的短板，当失误发生或技术短板暴露时，光线即可穿过该片奶酪。如果这道光线与第二片奶酪洞口的位置正好吻合，光线就叠穿过第二片奶酪，当许多片的奶酪的洞刚好形成串联关系时，光线就会完全穿过，也就是代表着发生了安全事故。瑞士奶酪理论示意图如图 3-4 所示。

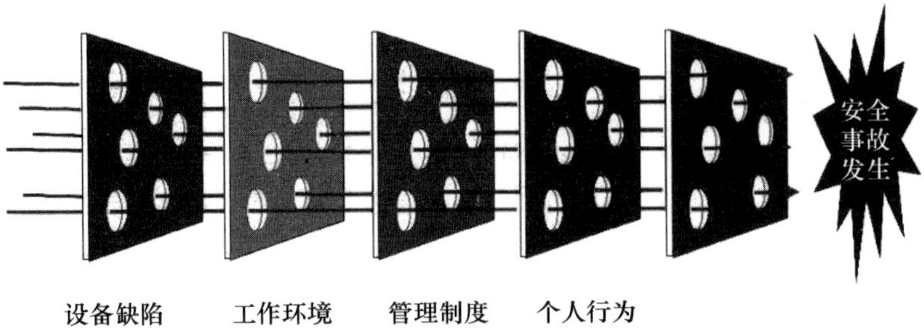

图 3-4 瑞士奶酪理论示意图

二、危险源辨识方法及流程

1. 常用的危险源辨识方法有哪些?

在风险分级管控工作中，常用的危险源辨识方法主要有工作危害分析（JHA）、安全检查表（SCL）和危险与可操作性分析（HAZOP）3 种。

（1）工作危害分析（JHA）是对作业活动各个步骤进行风险分析，明确现有安全管控措施，通过风险评价准则评价采取现有安全管控措施前后的风险等级，同时提出改进措施，以达到控制风险、减少和杜绝事故的目标。此方法适用于有人员参与的各类作业活动的危险源辨识和风险分析。

（2）安全检查表（SCL）是将设备设施等列出检查项目，针对检查项目偏离标准后可能带来的风险进行分析，明确现有安全管控措施，通过风险评价准则评价风险等级，同时提出改进措施，以达到控制风险、减少和杜绝事故的目标。该方法主要适用于厂址、周边环境、设备设施等静态的物的危险源辨识和风险分析。

（3）危险与可操作性分析（HAZOP）通过分析生产运行过程中工艺状态参数的变动，操作控制中可能出现的偏差，以及这些变动与偏差对系统的影响及可能导致的后果，找出出现变动与偏差的原因，明确装置或系统内及生产过程中存在的主要危险、危害因素，并针对变动与偏差的后果提出应采取的措施。近年来，国内对 HAZOP 也日益重视，原国家安全生产监督管理总局已将其作为重点推广的危险分析方法，并于 2013 年 6 月 8 日发布了《危险与可操作性分析（HAZOP 分析）应用导则》（AQ/T 3049—2013）。

2. 工作危害分析（JHA）基本流程是什么？

（1）列出作业活动清单。企业应对每一个评价对象，分别列出所有人员（含承包商）可能涉及的作业活动，形成作业活动清单，见表 3-1。作业活动可分为工艺操作、异常操作、检维修作业、管理活动 4 类。

表 3-1　　作业活动清单

单位：　　　　　　编制日期：

序号	评价对象	作业活动	作业类别	作业频次	备注
编制人：			审核人：		

（2）依据作业活动清单，对所有作业活动进行工作危害分析，编制工作危害分析表，见表 3-2。

表 3-2　　工作危害分析表

单　　位：　　　　评价对象：　　　　作业活动：

分析人员：　　　　　　　　日　　期：

序号	工作步骤	危险源辨识	主要后果	原始风险评价				现有管控措施				现有风险评价				增补措施
				L	S	R	等级	工程技术	维护保养	人员操作	应急措施	L	S	R	等级	

注：如果评价准则采用作业条件危险性评价法（LEC 法），则表中 L/S/R 改为 L/E/C/D。

1）工作步骤。把作业活动划分为若干个工作步骤，即首先做什么、其次做什么。

2）危险源辨识。辨识每一个工作步骤中存在什么危险源及可能导致的事故。

3）列举主要后果。即危险源可能导致的事故造成的主要后果。

4）列出现有管控措施。要把每一个工作步骤可能潜在风险的相关现有安全管控措施全部列出，主要从工程技术、维护保养、人员操作、应急措施等 4 个方面考虑。

5）风险评价。依据风险评价准则，分析每一个工作步骤可能导致的事件的可能性及严重程度，最终确定原始风险、现有风险值及风险等级。

6）提出增补措施。即提出增加的、补充的措施。如果现有安全控制措施有缺失或缺陷（即存在隐患），构成不可接受风险（现有风险中的重大或较大风险），则应提出改进性的、完善性的措施，即隐患治理措施。增补措施也应从工程技术、维护保养、人员操作、应急措施等4个方面考虑。

7）风险消减验证。评价出不可接受风险，提出相应的增补措施并实施后，应对风险点风险消减情况进行二次风险评价，以验证不可接受风险是否降低到可接受的范围。不可接受风险清单见表3-3。

表3-3　　不可接受风险清单

单位：　　　　分析人员：　　　　日期：

序号	风险点	现有风险描述	现有风险评价				风险消减措施	剩余风险评价			
			L	S	R	等级		L	S	R	等级

注：1. 仅填写现有风险中的重大风险、较大风险；
2. “风险点”填写为××作业活动、××设备设施；
3. “现有风险描述”中，应把现实中存在的隐患及可能导致的事故描述清楚。

3. 作业活动一般分为哪几类，分别包括哪些具体内容?

进行工作危害分析时，作业活动可分为以下4类：

（1）工艺操作，如开车前的准备及检查确认、液氯气化、加氢、停车、液氯装车/卸车、取样等。

（2）异常操作，如关键设备故障处置（××压缩机跳车处置等）、公用工程异常处置［DCS（集散控制系统）黑屏处置等］。

（3）检维修，如特殊作业、动静设备及电仪设备的检修、催化剂的更换等。

（4）管理活动，如巡检、交接班、安全检查、变更管理、应急演练等。

其中重点和难点是工艺操作，有两种方法可帮助列出工艺操作的作业活动，一是参考操作规程中的生产装置流程描述，工艺流程中的每一个工序就是一个作业活动；二是参考生产装置的工艺流程框图（即最简单的流程方框图），图中的每一步，即为一个作业活动。图 3-5 是某企业硝化单元的工艺流程框图，该单元的工艺操作可划分为：硝化、水洗 1、碱洗、水洗 2、乳化、乳化 DNT 储存、硝烟吸收、废酸浓缩、成品酸储存等。如果其中某个工序相对较复杂，还可以再细分为几个工艺操作。

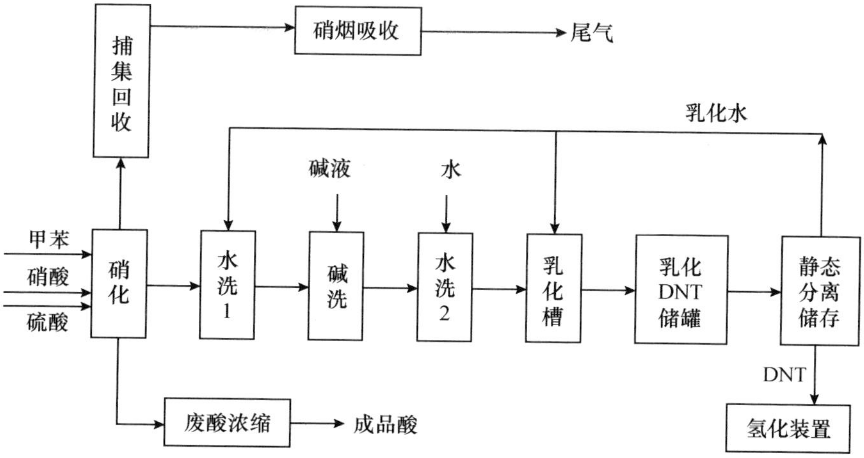

图 3-5　某企业硝化单元的工艺流程框图

4. 安全检查表（SCL）的基本流程是什么？

（1）列出评价对象的设备设施清单。参考生产装置的设备台账，列出评价单元中的设备设施清单，见表 3-4。设备设施可分为炉类、塔类、反应器类、储罐及容器类、冷换设备类、通用机械类、动力类、化工机械类、起重运输类、其他设备类、建构筑物类等 11 类。

表 3-4　设备设施清单

单位：　　　　编制日期：

序号	评价对象	设备设施名称	类别	位号/编号	涉及主要介质	数量	备注
编制人：				审核人：			

（2）对清单中所有设备设施进行工作危害分析，编制安全检查表，见表 3-5。

1）列出设备设施的检查项目，即列出设备设施的本体主要组成部件和附属安全设施。

表 3-5　　安全检查表

单　　位：　　　　评价单元：　　　　设备设施：

分析人员：　　　　日　　期：

序号	检查项目	标准	偏差可能导致的风险	主要后果	原始风险评价				现有管控措施				现有风险评价				增补措施
					L	S	R	等级	工程技术	维护保养	人员操作	应急措施	L	S	R	等级	

注：如果评价准则采用“LEC”，则表中 L/S/R 改为 L/E/C/D。

2）明确设备设施检查项目的标准，即明确设备设施本体主要组成部件和附属安全设施正常状态等。

3）分析检查项目偏离正常状态后潜在的风险。

4）列举主要后果，即检查项目偏离正常状态后可能导致的事故造成的主要后果。

5）列出现有管控措施。要把每一个工作步骤可能潜在风险的相关现有安全管控措施全部列出，主要从工程技术、维护保养、人员操作、应急措施等 4 个方面考虑。

6）风险评价。依据风险评价准则，分析每一个工作步骤可能导致的事件的可能性及严重程度，最终确定原始风险、现有风险值及风险等级。

7）提出增补措施，即提出增加的、补充的措施。如果现有安全控制措施有缺失或缺陷（即存在隐患），构成不可接受风险，则应提出改进性的、完善性的措施，即隐患治理措施。增补措施也应从工程技术、维护保养、人员操作、应急措施等 4 个方面考虑。

8）风险消减验证。评价出不可接受风险，提出相应的增补措施并实施后，应对风险点风险消减情况进行二次风险评价，以验证不可接受风险是否降低到可接受的范围。不可接受风险清单见表 3-3。

5. 编制设备设施清单需要注意哪些内容？

（1）设备设施清单不同于设备台账。设备设施清单中可以将部分设备设施进行适当的合并，一个车间或一个单元中型号相同、涉及介质相同、操作条件相同或相近的设备设施可以合并，以减少不必要的重复工作。但应注意不可过度合并。有的企业把一个车间中的设备设施只是简单地分为塔、储罐、反应器、泵等几种类型，每一种类型中包含了若干台设备，而相应的安全检查表（SCL）也只是针对设备类型进行分析，而不是针对具体的设备设施。这样的分析肯定是无任何意义的。

（2）企业非生产单位应关注的内容。设备设施清单重点是针对生产工艺车间，对于电气、仪表、分析化验等单位，设备设施清单相对要简单得多。开关操作柱、照明灯、压力变送器、温度计等电气仪表设备可不必作为单独的设备对待，应视为主设备的附属安全设施。电气专业的设备设施可重点关注配电柜、变压器、发电机、不间断电源（UPS）、通信系统、网络系统、变配电室、外部供电线路等。仪表专业的设备设施可重点关注机柜、DCS/SIS 操作站、机柜间、分析小屋等。分析化验专业的设备设施可重点关注色谱仪等较大型的分析仪器、分析化验室、分析试剂仓库、气瓶室等。

6. JHA 与 SCL 中危险源辨识应重点关注什么风险?

在进行 JHA 和 SCL 辨识过程中，应重点关注过程风险。风险可分为作业风险与过程风险。作业风险是指人员到生产现场从事各类作业过程中可能潜在的风险，比如巡检、取样、检维修作业（含特殊作业）等过程中可能潜在的风险；过程风险是生产工艺过程中可能潜在的风险，主要是指生产装置在正常的生产操作过程中，因为人员操作失误或其他原因导致工艺参数严重偏离指标可能带来的风险。

作业风险属于浅表层的风险，一般情况下发生概率相对较高，但后果严重程度一般不会很高。而过程风险属于相对深层次的风险，一般情况下发生概率相对较低，但一旦发生，其严重程度可能会很高，甚至有可能会造成非常恶劣的影响。

随着时代的发展，安全生产管理的重点已经逐渐由作业风险向过程风险转变，重点管控大风险、预防大事故。所以在运用 JHA 与 SCL 进行风险分析评价时，切勿只关注常规的作业风险，而忽视危害程度更高的过程风险。尤其是在分析涉及“两重点一重大”的有关工艺操作活动和关键设备时，应重点分析在某些情况下可能会引发的深层次的过程风险。

7. JHA 与 SCL 分析表中风险点现有管控措施分哪几类?

风险点现有管控措施一般分为以下 4 类。

（1）工程技术。关键设备部件，包括关键报警联锁（应描述回路编号及条件、动作）、氮封系统、储罐专用喷淋系统等。安全附件，包括安全阀、爆破片、温度计、压力表、流量计等。关键工艺控制，列出主要设备的关键工艺控制指标。安全仪表，列出关键设备的 DCS、SIS 联锁以及单元设置的可燃有毒气体检测报警器种类和数量。

（2）维护保养。该类管控措施对动设备和静设备的日常维护保养和检修，主要包括大型机组的定期振动监测、定期更换润滑油脂、定期检查等；常压储罐的年度检查、检测等。

（3）人员操作。该类管控措施包括人员资质培训取证，如特种作业人员、特种设备操作人员培训取证；操作记录，如岗位操作人员应该建立操作记录，严格交接班管理，建立交接班记录等。

（4）应急措施。应急设施，应列出可能涉及的所有的应急设施，包括正压式空气呼吸器以及急救箱等；个体防护，应列出操作人员应严格佩戴的个人劳动防护用品，一般不需列出常规用品（如安全帽、工作服等）；消防设施，包括可能涉及的消防栓、消防炮、泡沫灭火系统、灭火器、火焰探测器等；应急预案，应重点列出岗位可能涉及的现场处置方案，并明确具体的名称，同时也可将预案演练情况列出等。

8. JHA 与 SCL 分析表中列出风险点现有管控措施应注意什么?

各类措施一定要与前面危险源辨识中的事故类型相对应。比如，辨识出的事故是火灾爆炸，管控措施就是预防火灾爆炸和消减火灾爆炸影响的措施；辨识出的事故是人员中毒，则人员防护措施可以填写佩戴防毒面具、正压式空气呼吸器等。管控措施应描述具体，不可大而全、千篇一律，否则将失去全面检查现有管控措施是否全面的意义。各类现有管控措施不一定要全部填写，确实无相应类别的管控措施，则不用填写。

三、风险评价方法

1. 常见的风险评价方法有哪些？

在企业的风险分级管控工作中，风险评价方法是指风险评价准则。风险评价一般结合工作危害分析（JHA）和安全检查表（SCL）一起开展，常用的风险评价方法或评价准则有：矩阵法（LS 法）和作业条件危险性评价法（LEC 法）。

（1）LS 法风险评价准则。LS 法风险评价准则一般称为风险评价矩阵。风险计算公式为：

$$R = L \times S$$

式中　L——事件发生的可能性，取值详见表 3-6；

S——事件后果严重程度，取值详见表 3-7；

R——风险，风险分级矩阵详见表 3-8。

表 3-6　　事件发生的可能性（L）

分数	事件发生频率（F）		安全检查	操作规程	员工胜任程度（意识、技能、经验）
8	$F \geqslant 1$	在生产过程中通常发生（至少每年发生）	从来没有检查	没有	不胜任（无任何培训、意识不够、缺乏经验）
7	$1 > F \geqslant 10^{-1}$	可能在装置的使用寿命中发生多次	一年检查一次	操作规程不全面	不够胜任
6	$10^{-1} > F \geqslant 10^{-2}$	可能在装置的使用寿命中发生一次或者两次	偶尔检查	有，但不执行	一般胜任
5	$10^{-2} > F \geqslant 10^{-3}$	类似的事件已经发生过，或者可能在 10 个类似装置的使用寿命中发生	月检	有，但偶尔执行	基本胜任
4	$10^{-3} > F \geqslant 10^{-4}$	在企业内的某些地方曾经发生的类似事件	半月检	有，部分执行	胜任，但偶然出差错
3	$10^{-4} > F \geqslant 10^{-5}$	在行业的某些地方曾经发生的类似事件	周检	有，偶尔不执行	胜任

续表

分数	事件发生频率（*F*）		安全检查	操作规程	员工胜任程度（意识、技能、经验）
2	$10^{-5}>F\geqslant10^{-6}$	类似的事件还没有在行业中发生	日检	有，全部执行	很好地胜任
1	$F<10^{-6}$	类似的事件还没有在行业中发生并且发生的可能性极小	每小时巡检	有，严格执行	高度胜任（培训充分，经验丰富，意识强）

表 3-7　事件后果的严重程度（*S*）

严重性	健康和安全	社会影响	财务性影响
8	特别重大的灾难性安全事故，将导致工厂界区内或界区外大量人员伤亡： 1. 界区内 30 人及以上死亡；100 人及以上重伤 2. 界区外 10 人及以上死亡；50 人及以上重伤	1. 引起国家领导人关注，或国务院、相关部委领导作出批示 2. 导致吊销国际国内主要市场的生产、销售或经营许可证 3. 引起国际国内主要市场上公众或投资人的强烈愤慨或谴责	事故直接经济损失 1 亿元以上
7	非常重大的安全事故，将导致工厂界区内或界区外多人伤亡： 1. 界区内 10 人及以上，30 人以下死亡；50 人及以上，100 人以下重伤 2. 界区外 3～9 人死亡；10 人及以上，50 人以下重伤	1. 引起了国家相关部门采取强制性措施 2. 在全国范围内造成严重的社会影响 3. 引起国内国际媒体重点跟踪报道或系列报道	事故直接经济损失 5 000 万元以上，1 亿元以下
6	严重的安全事故： 1. 界区内 3～9 人死亡；10 人及以上，50 人以下重伤 2. 界区外 1～2 人死亡；3～9 人重伤	1. 引起国内或国际媒体长期负面关注 2. 造成省级范围内的不利社会影响 3. 引起了省级政府相关部门采取强制性措施 4. 导致失去当地市场的生产、经营和销售许可证	1. 事故直接经济损失 1 000 万元以上，5 000 万元以下 2. 发生失控的火灾或爆炸
5	较大的安全事故，导致人员死亡或重伤： 1. 界区内 1～2 人死亡；3～9 人重伤 2. 界区外 1～2 人重伤	1. 引起地方政府相关监管部门采取强制性措施 2. 引起国内或国际媒体的短期负面报道	1. 直接经济损失 100 万元以上，1 000 万元以下 2. 发生局部区域的火灾爆炸

续表

严重性	健康和安全	社会影响	财务性影响
4	较大影响的健康/安全事故： 1. 3 人以上轻伤，1~2 人重伤（包括急性工业中毒，下同） 2. 暴露超标，带来长期健康影响或造成职业相关的严重疾病	存在合规性问题，不会造成严重的安全后果或不会导致地方政府相关监管部门采取强制性措施	直接经济损失 50 万元以上，100 万元以下
3	中等影响的健康/安全事故： 1. 因事故伤害损失工作日 2. 1~2 人轻伤	1. 当地媒体的长期报道 2. 在当地造成不利的社会影响。对当地公共设施的日常运行造成严重干扰（如导致某道路较长时间无法正常通行） 3. 会损害对有重大利益的相关方的关系	直接经济损失 10 万元以上，50 万元以下
2	轻微影响的健康/安全事故： 医疗处理，但不需住院，不会因事故伤害损失工作日	1. 当地媒体的短期报道 2. 对局部运营对当地公共设施的日常运行造成干扰（如导致某道路在 24 h 内无法正常通行）	直接经济损失 2 万元以上，10 万元以下
1	微小影响的健康/安全事故： 1. 急救处理（不用处方药，除预防性处方药外） 2. 短时间暴露超标，引起身体不适，但不会造成长期健康影响	能够引起周围社区少数居民短期内不满、抱怨或投诉（如抱怨设施噪声超标）	事故直接经济损失在 2 万元以下

注：此表还可以考虑企业生产装置运行影响，即是否会影响生产装置调整负荷、停车、停产等。

表 3-8　　安全风险矩阵

严重性 / 可能性	1	2	3	4	5	6	7	8
1	1	2	3	4	5	6	7	8
2	2	4	6	8	10	12	14	16
3	3	6	9	12	15	18	21	24
4	4	8	12	16	20	24	28	32
5	5	10	15	20	25	30	35	40
6	6	12	18	24	30	36	42	48
7	7	14	21	28	35	42	49	56
8	8	16	24	32	40	48	56	64

（2）LEC 法风险评价准则。LEC 法是一种常用的风险评价方法。风险计算公式为：

$$D = L \times E \times C$$

式中 L——事件发生的可能性，取值详见表 3-9；

E——人员暴露在危险环境中的频繁程度，取值详见表 3-10；

C——事件后果的严重程度，取值详见表 3-11；

D——风险，风险分级矩阵详见表 3-12。

表 3-9　　事件发生的可能性（L）

分数值	事件发生的可能性
10	完全可以预料
6	相当可能
3	可能，但不经常
1	可能性小，完全意外
0.5	很不可能，可以设想
0.2	极不可能
0.1	实际不可能

表 3-10　　人员暴露在危险环境中的频繁程度（E）

分数值	人员暴露在危险环境中的频繁程度
10	8 h 内连续暴露
6	8 h 内暴露 1~4 h
3	每周一次暴露（1~4 h）
2	每月一次暴露（1~4 h）
1	每年几次暴露（1~4 h）
0.5	非常罕见暴露

表 3-11　　事件后果的严重程度（C）

分数值	事件后果的严重程度
100	10 人以上死亡
40	3~9 人死亡
15	1~2 人死亡
7	严重
3	重大，伤残
1	引人注意

表 3-12　风险分级表

D 值	风险等级
>320	重大风险
160~320	较大风险
70~160	一般风险
<70	低风险

2. 风险评价时如何才能合理取值？

在风险评价考虑 L、S 或 L、E、C 的取值时，应把握“适度”的原则。以 L、S 取值为例，事故发生的可能性 L 取值一般情况不取两个极端值。事故后果的严重程度 S 在取值时，可不考虑极端情况，尤其是在考虑事故严重程度时，要结合企业的管理水平、自动化控制等实际情况，合理的取值，不要任何事故都无限延伸地考虑最严重的情况。所以，在各评价要素取值时，一般情况下，首末两端的数值要慎重选取。评价准则的取值是否准确与评价人员的业务水平高低、安全管理知识掌握程度、对有关事故案例的掌握情况等均有很大的关系。不同评价人员对于相同的评价对象，取值可能会有差别，但数值差别不大，这样是正常的。

思考题

1. 分析所在企业、岗位最大的风险是什么？主要风险点在何处？
2. 如何将工作量纷杂的 JHA 与 SCL 分析工作做扎实、有效？
3. JHA 与 SCL 分析工作由哪一层级的人员来具体实施效果更好？
4. 非生产单位如何开展 JHA 与 SCL 分析工作？

第四节　风险管控与隐患排查

一、双重预防机制的建立和实施

1. 什么是双重预防机制？

双重预防机制源于2016年4月28日由国务院安委会办公室印发的《国务院安委会办公室关于印发标本兼治遏制重特大事故工作指南的通知》（安委办〔2016〕3号）以及2016年10月9日印发的《国务院安委会办公室关于实施遏制重特大事故工作指南构建双重预防机制的意见》（安委办〔2016〕11号），两份文件分别提出了“坚持标本兼治、综合治理，把安全风险管控挺在隐患前面，把隐患排查治理挺在事故前面，扎实构建事故应急救援最后一道防线”的指导思想以及“构建安全风险分级管控和隐患排查治理双重预防机制，是遏制重特大事故的重要举措”。

安全风险分级管控，即风险管理，包括危险源辨识、风险评价分级、风险管控，具体来说，辨识风险点有哪些危险物质及能量，在什么情况下可能发生什么事故，全面排查风险点的现有管控措施是否完好，运用风险评价准则对风险点的风险进行评价分级，由不同层级的人员对风险进行管控，保证风险点的安全管控措施完好。

把风险管控好，不让风险管控措施出现隐患，这是第一重“预防”；对风险管控措施出现的隐患及时发现、及时治理，预防事故的发生，这是第二重“预防”。隐患排查治理就是对风险点的管控措施通过隐患排查等方式进行全面管控，及时发现风险点管控措施潜在的隐患，及时对隐患进行治理。

2. 如何建立和实施双重预防机制？

构建双重预防机制的核心在于风险识别、风险分级和隐患治理。《国务院安委会办公室关于实施遏制重特大事故工作指南构建双重预防机制的意见》（安委办〔2016〕11 号）对生产经营单位构建双重预防机制提出了以下几方面的具体要求。

（1）全面开展安全风险辨识。企业要组织全体员工，从人的不安全行为、物的不安全状态和管理上的缺陷等方面，全方位、全过程辨识生产工艺、设备设施、作业环境、人员行为和管理体系等方面存在的安全风险。

（2）科学评定安全风险等级。企业要对辨识出的安全风险进行分类梳理，综合考虑起因物、引起事故的诱导性原因、致害物、伤害方式等，确定安全风险类别。对不同类别的安全风险，采用相应的风险评估方法确定安全风险等级。安全风险等级从高到低划分为重大风险、较大风险、一般风险和低风险，分别用红、橙、黄、蓝四种颜色标示。

（3）有效管控安全风险。企业要根据风险评估的结果，针对安全风险特点，从组织、制度、技术、应急等方面对安全风险进行有效管控。要对安全风险分级、分层、分类、分专业进行管理，逐一落实企业、车间、班组和岗位的管控责任，尤其要强化对重大危险源和存在重大安全风险的生产经营系统、生产区域、岗位的重点管控。企业要高度关注运营状况和危险源变化后的风险状况，动态评估、调整风险等级和管控措施，确保安全风险始终处于受控范围。

（4）实施安全风险公告警示。企业要在醒目位置和重点区域分别设置安全风险公告栏，制作岗位安全风险告知卡，标明主要安全风险、可能引发事故隐患类别、事故后果、管控措施、应急措施及报告方式等内容。对存在重大安全风险的工作场所和岗位，要设置明显警示标志，并强化危险源监测和预警。

（5）建立完善隐患排查治理体系。企业要树立隐患就是事故的观念，逐步建立并落实从主要负责人到一线从业人员的事故隐患排查责任制。要建立完善隐患排查治理制度，制定符合企业实际的隐患排查治理清单，明确和细化隐患排查的事项、内容和频次，并将责任逐一分解落实，推动全员参与自主排查隐患，尤其要强化对存在重大风险的场所、环节、部位的隐患排查。

3. 如何做好双重预防机制数字化建设工作？

根据应急管理部发布的《关于印发〈危险化学品企业双重预防机制数字化建设工作指南（试行）〉的通知》要求，企业开展双重预防机制数字化建设工作，主要围绕建立工作推进机制、安全风险分级管控、隐患排查治理和建立信息化系统4个环节开展。班组长应在以下几方面配合做好双重预防机制数字化建设工作。

（1）根据公司建立的双重预防机制建设领导机构，明确班组长在其中的工作职责并认真履行好职责。

（2）带领班组参与企业双重预防机制建设实施方案的编制工作，并主动接受双重预防机制建设的思路、安全风险分析及隐患排查清单编制流程、信息化系统操作使用等内容的培训，熟悉工作要求和工作方法。

（3）带领班组参与安全生产责任制、安全风险分级管控、隐患排查治理、培训教育、奖惩管理等相关管理制度的制修订工作，并自觉执行。

（4）参与风险评估和分级管控工作，评估可能造成爆炸、火灾、中毒、窒息等严重后果的事件作为重点管控的安全风险事件。

（5）根据制定的风险管控措施，识别评估现有管控措施的有效性，按照分级管控要求，做好班组安全风险管控措施的有效实施工作，并配合将安全风险清单及隐患排查清单数据录入信息化系统。

（6）根据隐患排查任务，按期开展隐患排查工作，确保管控措施落实。对排查发现的隐患，能立即整改的隐患必须立即整改，无法立即整改的隐患应及时上报给上级领导。

（7）运用移动App端双重预防机制信息化系统，做好隐患排查任务和预警信息接收、现场隐患排查情况的实时上报、隐患治理全程跟踪等工作。

二、风险分级管控

1. 如何做好风险辨识？

开展风险辨识可参照三类风险因子和十类风险形式进行。

（1）三类风险因子是：

1）点，包括设备、设施或重大危险源；

2）线，包括作业过程、工艺或工况；

3）面，包括作业岗位或人员生产状况。

（2）十类风险形式是：

1）显现风险，包括停电、触电、坠落、噪声、中毒、泄漏、火灾、爆炸、坍塌等突发事件及危害因素；

2）潜在风险，包括异常、超负荷、不稳定、违章、环境不良等危险状态及危害因素；

3）静态风险，包括隐患、缺陷、坠落、爆炸、物体打击、机械伤害等不随时间变化的风险；

4）动态风险，包括火灾、泄漏、中毒、水害、异常、不稳定、环境不良等随时间变化的风险；

5）短期风险，包括坠落、爆炸、物体打击、机械伤害、中毒、不安全行为、环境不良等发生过程短或存在时间不长的风险；

6）长期风险，包括隐患、缺陷、火灾、泄漏、异常、不稳定等过程长或发展时间较长的风险；

7）人因风险，包括失误、三违、执行不力等；

8）物因风险，包括隐患、缺陷等；

9）环境风险，包括环境不良、异常等；

10）管理风险，包括制度缺失、责任不明确、规章不健全、监督不力、培训不到位、无证上岗等。

2. 如何做好风险的分级管控工作？

风险一般分为两类进行管理：原始风险与现有风险。原始风险可以理解为风险点（单元、设备设施、作业活动等）因其固有危险性（涉及危险物质、能量或其他情况）而潜在的风险，或者理解为在不考虑现有管控措施而只考虑固有危险性的情况下，风险点可能潜在的风险。现有风险就是风险点在现有风险管控措施的基础上仍然潜在的风险。现有风险的大小是随着隐患的产生与治理而动态变化的。原始风险又称为固有风险、初始风险、裸风险等，现有风险又称为剩余风险、残余风险等。

大部分的原始风险很难通过控制措施将其降低为零，或者如果将其降低到零代价很高，企业难以承受。因此在研究制定风险管控措施前，应首先根据企业自身特点，确定企业可接受的风险标准，并根据现有风险是否满足可接受风险标准，来确定风险管控的策略。

每个企业的规模不同、企业属性不同（如中央企业、地方国有企业、外商独资企业、中外合资企业、股份制企业、个人私有企业等）、地域不同（不同地区对安全生产要求不同），可接受的风险标准也不同。一般地，大企业要严于小企业；经济发达地区企业要严于经济欠发达地区企业等。所有企业都要把人员死亡事故、多人负伤事故、严重的环境污染事故和重大社会影响的事故作为不可接受的风险。从企业自身利益出发，还要考虑把经济损失达到一定数额的事故作为不可接受的风险。

依据《危险化学品生产装置和储存设施风险基准》（GB 36894—2018），我国个人可接受风险标准值见表 3-13。

表 3-13　　我国个人可接受风险标准值

防护目标	个人风险基准/（次/年）≤	
	危险化学品新建、改建、扩建生产装置和储存设施	危险化学品在役生产装置和储存设施
高敏感防护目标 重要防护目标 一般防护目标中的一类防护目标	3×10^{-7}	3×10^{-6}
一般防护目标中的二类防护目标	3×10^{-6}	1×10^{-5}
一般防护目标中的三类防护目标	1×10^{-5}	3×10^{-5}

社会风险通常用社会风险曲线（*F*-*N* 曲线）表示，我国社会风险曲线如图 3-6 所示。

不可接受区是指风险不能被接受；可接受区是指风险可以被接受，无须采取

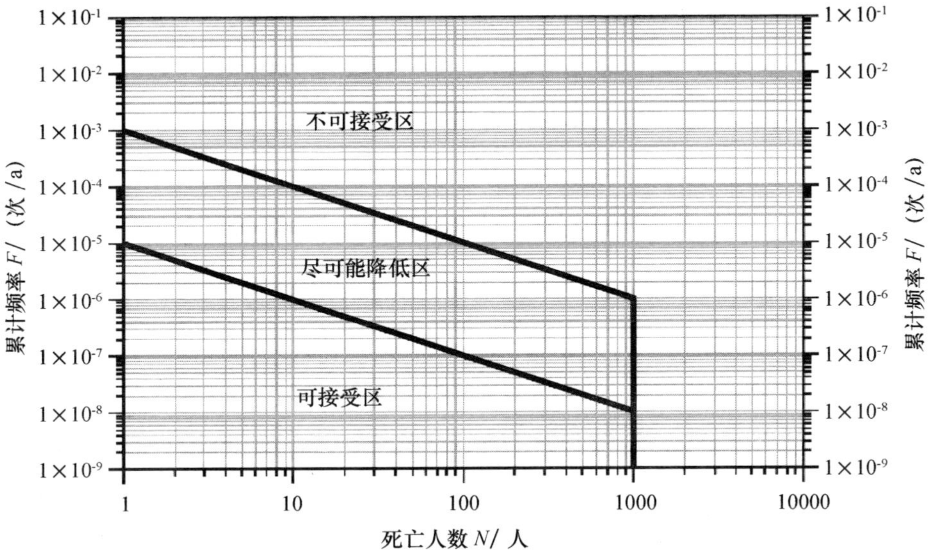

图 3-6　我国社会风险曲线

安全改进措施；尽可能降低区是指需要尽可能采取安全措施，降低风险。

不同等级的现有风险的管控方式也不同。对于现有风险中的重大、较大风险，一般称为不可接受风险。重大风险应立即停止作业或生产，采取措施（即隐患治理措施）降低风险。较大风险原则上应立即采取措施降低风险，如果条件不具备，可以限期进行整改。一般风险也称为尽可能降低风险，即如果具备条件，可以再从管理和工程技术方面采取新的措施，尽可能地降低风险。对于低风险，可以维持现状。各级现有风险管控方式见表 3-14。

表 3-14　　各级现有风险管控方式

等级		应采取的行动/控制措施
Ⅰ级	重大	停止作业或生产，立即采取措施降低风险
Ⅱ级	较大	立即采取措施降低风险，或建立运行控制程序或方案，定期检查、评估，待具备条件时（3~6 个月）采取措施降低风险
Ⅲ级	一般	每年评审修订管理制度、操作规程及应急预案，尽可能采取改进措施
Ⅳ级	低	考虑是否需要补充建立操作规程、作业指导书，或无须采用新的控制措施

重大危险源中现有风险中的重大、较大风险应采取措施以消减风险。风险消减措施应从措施的可行性、安全性和可靠性 3 方面进行考虑。可行性主要是从措

施的实施成本、周期、是否需要停车处理等方面做出全面的判断；安全性主要是从措施的制定是否能提高风险点的安全性能，或者是否会对原有其他设备设施带来不利影响等；可靠性主要是考虑措施实施后，是否从根本上能消减风险度，把风险降低到可接受的程序。

3. 风险管控的方式、措施有哪些?

风险管理是指企业通过识别风险、衡量风险、分析风险，从而有效控制风险，用最经济的方法来综合处理风险，以实现最佳安全生产保障的科学管理方法。风险管理的内容如图 3-7 所示。

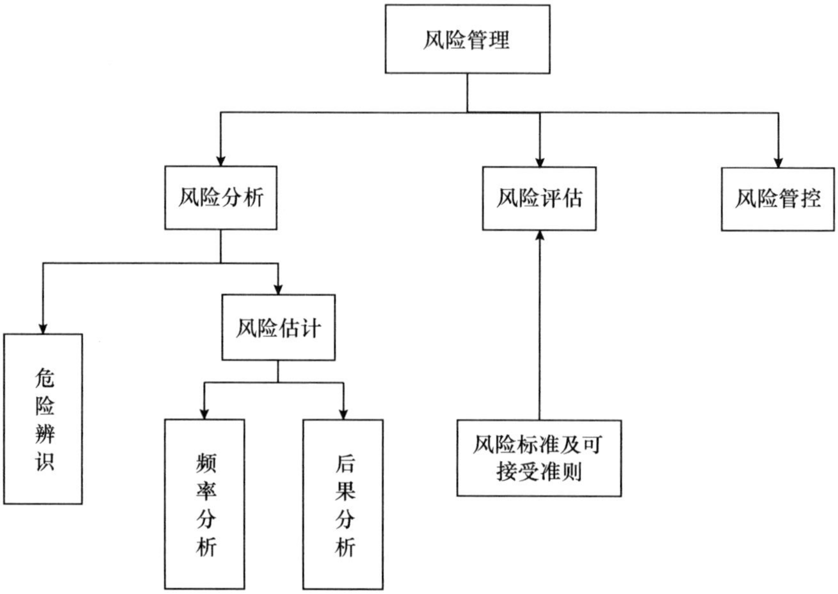

图 3-7　风险管理的内容

风险管控措施一般包括从能量意外释放理论的角度管控风险、从化工过程系统安全管理的角度管控风险以及从加强安全管理的角度控制风险等几方面。

（1）从能量意外释放理论的角度管控风险。在化工生产中经常采用的防止能量意外释放的措施主要有以下几种。

1）能量替代。如在容易发生触电的作业场所用压缩空气作动力代替电力驱动，可以防止发生触电事故。

2）限制能量。在作业过程中尽量采用低能量的方法，这样即使发生了意外的能量释放，也不致发生严重伤害。如通过平稳操作降低化学品中间罐区储量、利用电压为 24 V 安全照明设备防止作业人员触电。

3）防止能量蓄积。能量蓄积后容易导致突然释放，从而可能引发事故，因此要及时泄放多余的能量防止能量蓄积。如夏天易挥发化学品储罐增加喷淋，防止罐内热量积累导致罐内温度升高；通过良好的接地消除静电蓄积；利用避雷针放电保护重要设施等。

4）缓慢释放能量。缓慢地释放能量可以降低单位时间内释放能量的强度，减轻能量对人体的作用。如液化气体控制排放速度以降低液化气体汽化造成的低温；低闪点化学品浮顶罐进料时通过限流设施降低进料流速，以控制产生的静电量等。

5）屏蔽能量。采用屏蔽设施防止人员与能量接触，即狭义的屏蔽。如安装在机械转动部分外面的防护罩、安全围栏等。人员佩戴的个体防护用品也可以被看作是设置在人员身上的屏蔽设施。

6）信息警示。各种警示信息可以阻止人员的不安全行为或避免发生行为失误，防止人员意外接触能量。

（2）从化工过程系统安全管理的角度管控风险。从化工过程安全管理的角度管控风险，就是依据化工装置安全保护层的概念，逐层研究化工生产装置的风险管控措施。

1）选择本质更安全的工艺技术路线。

2）提高安全设计水平。提高安全设计水平，全面系统地识别化工装置的固有风险，采取系统的风险管控措施，并通过安全设计和按施工质量要求建设装置，为装置投产后有效管控风险奠定基础。良好的工程设计也为装置的安全顺利开车奠定基础，可以缩短装置从试车投料到稳定运行的时间。

3）装备自动化控制系统。化工装置装备自动化控制系统，为整个装置的风险控制增加了双重保护。按照化工装置保护层理论，化工装置的基本过程控制、关键报警和人工干预两个保护层完全可以由 DCS 系统承担。装备自动化控制系统后，装置运行更加平稳，可以有效降低非计划停车，提高产量，减少原材料消耗，降低“三废”，装置更加安全、节能、环保，效益增加。

4）装备安全仪表系统。安全仪表系统（SIS）作为一层独立的保护，在管控过程风险中起着重要的作用。化工企业大面积停车的风险相当程度上需要靠安全仪表系统化解，大型化工装置、危化品储存设施也必须通过安全仪表系统或紧急切断装置防止发生事故或在事故初期阻断事故扩大。

5）周密设计超压泄放设施。在承压设备、管道上设计必要的泄放系统，在设备、管道万一出现超压时能有控制地将压力泄放到火炬、放空罐或安全区域，防止设备、管道因超压泄漏引发事故。典型的超压泄放设施包括：各种类型的安全阀、爆破片（膜）、超压控制阀、常压化学品的储罐呼吸阀等。

6）防爆设计。在设备管道的材质选择、壁厚的确定、防腐蚀、管道尽量焊接以减少泄漏点、法兰垫片的选择、动设备密封形式的确定等方面采取相应措施，对使用拱顶罐储存的危险化学品采取氮气保护设计，在化工装置设计氮气置换设施。在易燃易爆场所使用的所有电气、仪表设备和检修电源设计为隔爆型、增安型或本安型，作业人员禁止穿钉鞋、易产生静电的化纤衣物，防爆区内禁止使用铁制工具等。此外还有静电防护设计，对易燃化学品、高分子树脂粉末输送管线及储存设施设计良好的法兰静电跨接和导地系统。

7）易燃化学品罐区围堰和隔堤设计。易燃化学品储罐区设计围堰和隔堤可以在发生储罐泄漏，引发火灾时防止产生流淌火使事故扩大。

（3）从加强安全管理的角度控制风险。在保护层分析时管理措施不能单独作为一层保护。但是有一些风险很难在设计环节来进行管控，如动火、进入受限空间作业、承包商、变更等方面的风险。同时，独立保护层的作用发挥也必须靠管理制度、程序来保障。因此对于个人风险、作业风险、管理风险等还必须靠管理制度来管控。要通过不断完善制度、标准、程序，加强有关人员的安全教育和培训，加强对制度执行的监督和考核，确保管理控制在风险管控中发挥应有的作用。

三、隐患排查治理

1. 化工企业哪些问题应判定为生产安全事故重大隐患?

根据《化工和危险化学品生产经营单位重大生产安全事故隐患判定标准（试

行）》的要求，化工企业存在下列情形的，应判定为生产安全事故重大隐患：

（1）危险化学品生产、经营单位主要负责人和安全生产管理人员未依法经考核合格。

（2）特种作业人员未持证上岗。

（3）涉及“两重点一重大”的生产装置、储存设施外部安全防护距离不符合国家标准要求。

（4）涉及重点监管危险化工工艺的装置未实现自动化控制，系统未实现紧急停车功能，装备的自动化控制系统、紧急停车系统未投入使用。

（5）构成一级、二级重大危险源的危险化学品罐区未实现紧急切断功能；涉及毒性气体、液化气体、剧毒液体的一级、二级重大危险源的危险化学品罐区未配备独立的安全仪表系统。

（6）全压力式液化烃储罐未按国家标准设置注水措施。

（7）液化烃、液氨、液氯等易燃易爆、有毒有害液化气体的充装未使用万向管道充装系统。

（8）光气、氯气等剧毒气体及硫化氢气体管道穿越除厂区（包括化工园区、工业园区）外的公共区域。

（9）地区架空电力线路穿越生产区且不符合国家标准要求。

（10）在役化工装置未经正规设计且未进行安全设计诊断。

（11）使用淘汰落后安全技术工艺、设备目录列出的工艺、设备。

（12）涉及可燃和有毒有害气体泄漏的场所未按国家标准设置检测报警装置，爆炸危险场所未按国家标准安装使用防爆电气设备。

（13）控制室或机柜间面向具有火灾、爆炸危险性装置一侧不满足国家标准关于防火防爆的要求。

（14）化工生产装置未按国家标准要求设置双重电源供电，自动化控制系统未设置不间断电源。

（15）安全阀、爆破片等安全附件未正常投用。

（16）未建立与岗位相匹配的全员安全生产责任制或者未制定实施生产安全事故隐患排查治理制度。

（17）未制定操作规程和工艺控制指标。

（18）未按照国家标准制定动火、进入受限空间等特殊作业管理制度，或者制度未有效执行。

（19）新开发的危险化学品生产工艺未经小试、中试、工业化试验直接进行工业化生产；国内首次使用的化工工艺未经过省级人民政府有关部门组织的安全可靠性论证；新建装置未制定试生产方案投料开车；精细化工企业未按规范性文件要求开展反应安全风险评估。

（20）未按国家标准分区分类储存危险化学品，超量、超品种储存危险化学品，相互禁配物质混放混存。

2.《危险化学品企业安全风险隐患排查治理导则》对企业隐患排查工作提出哪些要求？

根据《危险化学品企业安全风险隐患排查治理导则》的要求，隐患排查的形式主要包括日常排查、综合性排查、专业性排查、季节性排查、重点时段及节假日前排查、事故类比排查、复产复工前排查和外聘专家诊断式排查等，其中季节性排查、重点时段及节假日前排查、事故类比排查、复产复工前排查和外聘专家诊断式排查等可以以专项检查形式开展。

日常排查是指基层单位班组、岗位员工的交接班检查和班中巡回检查，以及基层单位（厂）管理人员和各专业技术人员的日常性检查；综合性排查是指以安全生产责任制、各项专业管理制度、安全生产管理制度和化工过程安全管理各要素落实情况为重点开展的全面检查；专业性排查是指工艺、设备、电气、仪表、储运、消防和公用工程等专业对生产各系统进行的检查；季节性排查是指根据各季节特点开展的专项检查；重点时段及节假日前排查是指在重大活动、重点时段和节假日前，对企业各方面工作的排查；事故类比排查是指对企业内或同类企业发生安全事故后举一反三的安全检查；复产复工前排查是指节假日、设备大检修、生产原因等停产较长时间，在重新恢复生产前进行的综合性隐患排查；外聘专家诊断式排查是指聘请外部专家对企业进行的安全检查。

涉及“两重点一重大”的生产、储存装置和部位的操作人员现场巡检间隔不得大于 1 h；基层车间（装置）直接管理人员（工艺、设备技术人员）及电气、仪表人员每天至少两次对装置现场进行相关专业检查。

对于不能立即完成整改的隐患，应进行安全风险分析，并应从工程控制、安全管理、个体防护、应急处置及培训教育等方面采取有效的管控措施，防止安全事故的发生。

3. 危险化学品企业的关键装置、重点部位主要有哪些？主要存在哪些风险？

危险化学品企业的关键装置、重点部位主要是指风险较大、能量较为集中、一旦发生事故后果较为严重或对其他装置影响较大的场所或系统以及在生产过程中起重要作用的关键设备所在区域。如构成重大危险源的油气罐区、氯乙烯罐区、液氨罐区、液氯仓库、硝酸铵仓库以及气柜区、压缩机厂房、加热炉、高压反应器和涉及危险化工工艺的生产装置等。

各企业应根据自身装置危险特点，确定企业的关键装置和重点部位。危险化学品企业的关键装置和重点部位主要存在以下 7 种风险。

（1）涉及易燃易爆危险化学品储罐区能量集中，发生火灾时容易蔓延，存在引发二次事故的可能。球罐区发生火灾可能会导致容器爆炸，并引发多米诺骨牌效应，加大事故后果。尤其是重大危险源场所，如果管理不到位，在工况异常时，容易引发严重事故。

（2）涉及有毒气体（如氯、氨、氯乙烯等）的储罐区发生储罐破裂、气体泄漏事故，有毒气体扩散造成周围人员中毒的风险。

（3）涉及硝酸铵、硝化物等爆炸品的场所因储存、操作不当引发爆炸的风险。

（4）压缩机、加热炉、高压反应器等关键设备一旦出现故障停运，容易造成全系统停产，影响工况稳定的风险。高压反应器失控，存在容器爆炸的风险。

（5）重点监管的危险化工工艺大多为放热反应，尤其是涉及危险化工工艺的精细化工装置，大多在反应失控时容易引发二次反应，造成温度、压力突变等严重后果的风险。

（6）在重点部位实施非常规作业可能造成人员伤亡、火灾爆炸、中毒等严重后果的风险。

（7）在重点部位实施液化烃装卸、倒罐、脱水等常规作业时，由于人员操作不当可能造成的人员伤亡、火灾爆炸等严重后果的风险。

4. 如何围绕关键装置、重点部位开展隐患排查工作？

围绕企业关键装置、重点部位开展隐患排查工作，应做好以下几方面工作。

（1）准确识别关键装置、重点部位的风险点。关键装置、重点部位的风险特点不一，发生事故后后果严重程度不同。企业应围绕确定的关键装置、重点部位可能发生的事故类型、具体部位进行重点关注。

（2）对风险点现有管控措施有效性进行排查。在项目初步设计阶段，已对辨识出的风险点配置了安全设施进行管控。正常运行期间，要重点关注现有管控措施是否有效，对压力容器、压力管道、安全阀等需定期检测检验的设备设施是否按要求进行检测。

（3）考虑风险点在不同时态、状态下的风险变化。要按照正常、异常、紧急状态和现在、未来时态可能出现的现象和风险进行预判，并验证各种险情出现时应对措施的可靠性。

（4）重点关注容易因腐蚀造成物料泄漏的部位。物料泄漏的原因有多种，腐蚀泄漏最为常见。因此抓好防腐蚀工作是防止泄漏的基础工作。

（5）从导致事故发生的原因中排查风险。人的不安全行为、物的不安全状态、管理上的缺陷和环境不良是导致事故发生的根本原因。因此应从上述几方面入手，审视关键装置、重点部位可能存在的上述现象并采取相应措施。

（6）运用科学方法，做好隐患排查。开展隐患排查工作，除采用常规的经验判断法外，还可以采用各种分析工具，如安全检查表（SCL）、工作危害分析（JHA）、故障类型和影响分析（FMEA）、危险和可操作性分析（HAZOP）、事故树（FTA）、事件树（ETA）等。

5. 对重大危险源场所开展隐患排查重点关注哪些方面？

（1）对重大危险源场所开展隐患排查时，应重点关注以下方面：

1）露天罐区各储罐监控监测设施是否按照规定要求配备齐全并完好在用；

2）新建设施是否经过正规设计；

3）仪器仪表、供配电系统运行是否正常；

4）工况运行是否平稳，有无超温、超压、超液位现象；

5）可能受气候影响的监测监控设施是否在不同气象条件到来之前采取了防范措施；

6）可燃有毒气体监测报警器位置、安装高度、报警值设置是否正常，运行状态是否良好；

7）罐区作业是否遵章执行；

8）变更管理是否按照规定要求开展；

9）用于应急处置的消防设施、救援设施、人体防护设施是否完好、备用；

10）消防水供应、事故污水收集设施是否满足应急需求；

11）储罐泄压系统、尾气回收系统运行是否正常；

12）仓库场所是否按要求配备通风、泄压、温湿度检测、喷淋等设施并运行正常；

13）物料仓储是否遵守危险化学品仓储存放安全要求；

14）防雷防静电设置是否满足安全要求；

15）火灾报警、人员疏散等是否满足应急需求；

16）采用新技术、新工艺、新装备前是否组织开展了风险分析和员工培训；

17）罐区、库区特殊作业、各种检维修作业是否按规定进行；

18）对液化烃、液氨、液氯、光气、氯乙烯、硝酸铵的储存采取的管控措施是否符合《危险化学品企业安全风险隐患排查治理导则》规定的特殊管控要求。

（2）对构成重大危险源的生产装置开展隐患排查时，应重点关注以下方面：

1）涉及危险化工工艺的生产装置是否开展反应风险评估；

2）涉及危险化工工艺的生产装置是否按要求配备了安全监测监控设施并正常投用；

3）生产过程是否存在超温、超压、超液位现象，工艺控制指标是否在规定范围内；

4）各种报警是否能得到有效响应并及时处置；

5）生产厂房泄压、泄爆、通风设施是否按要求配置并运行良好；

6）涉及有毒气体的生产装置是否配备应急吸收系统并运行良好；

7）员工巡检、交接班是否按照要求进行，是否存在违章现象；

8）室内外消防设施、火灾报警系统是否运行良好，灵活好用；

9）厂房内各种特殊作业及检维修作业是否按规定进行；

10）中间仓库、中间罐区是否超量、超品种储存，是否存在厂房当仓库的现象；

11）室内照明照度是否达标，疏散通道是否畅通；

12）较高风险区域是否存在人员聚集现象；

13）是否按照要求开展变更管理；

14）对涉及液化烃、液氨、液氯、光气、氯乙烯、硝酸铵、硝化工艺的生产装置采取的管控措施是否符合《危险化学品企业安全风险隐患排查治理导则》规定的特殊管控要求。

6. 排查出的隐患应如何处理？如何建立隐患排查长效机制？

根据《危险化学品企业安全风险隐患排查治理导则》的要求，对排查发现的安全风险隐患，应当立即组织整改，并如实记录安全风险隐患排查治理情况，建立安全风险隐患排查治理台账，及时向员工通报；对排查发现的重大安全隐患，应及时向本企业主要负责人报告；对于不能立即完成整改的隐患，应进行安全风险分析，并从工程控制、安全管理、个体防护、应急处置及培训教育等方面采取有效的管控措施，防止安全事故的发生。

建立隐患排查长效机制，避免类似隐患重复发生，一方面要认真做好隐患整改后评估工作，通过开展举一反三活动，查找存在的类似隐患并进行整改；另一方面要认真分析隐患产生的根本原因，建立防止类似隐患重复发生的长效机制。

建立隐患排查治理长效机制应从隐患原因分析、制定措施、落实措施等方面开展工作。

（1）隐患原因分析。一般而言，企业生产经营过程中存在隐患的原因大多是管理方面，主要表现在以下几个方面：

1）缺少良好的企业安全文化氛围，企业管理松散，员工对自身安全要求不高，生产现场管理低标准、坏习惯频频出现；

2）主要负责人及管理人员安全生产知识及管理技能不能满足安全生产的要求；

3）各项管理制度落实不到位，如定期巡检、作业管理、承包商管理、装卸车管理、设备防腐蚀防泄漏管理等落实不到位；

4）操作规程执行不严格，违章指挥、违章作业、违反劳动纪律等“三违”现象多发；

5）员工安全素质不高，风险识别和管控能力不足，现场应急处置能力不强等。

（2）制定措施。通过从技术、管理、人员等方面认真分析隐患产生的原因，制定有针对性的对策，在隐患整改的同时不断优化措施。

（3）落实措施。在完善措施的同时，开展举一反三活动来落实整改措施，完善相关制度，强化管理，建立并确保长效机制有效。

7. 安全生产检查的工作程序有哪些？

（1）安全检查准备。

1）确定检查对象、目的、任务。

2）查阅、掌握有关法规、标准、规程的要求。

3）了解检查对象的工艺流程、生产情况、可能出现的危险和危害情况。

4）制订检查计划，安排检查内容、方法、步骤。

5）编写安全检查表或检查提纲。

6）准备必要的检测工具、仪器、书写表格或记录本。

7）挑选和训练检查人员并进行必要的分工等。

（2）实施安全检查。实施安全检查就是检查人员通过访谈、查阅文件和记录、现场观察、仪器测量等方式获取信息。

1）访谈。检查人员通过与有关人员谈话来检查其安全意识和规章制度执行情况等。

2）查阅文件和记录。检查人员检查设计文件、作业规程、安全措施、安全生产规章制度等是否齐全、有效；查阅相应记录，判断上述文件是否被执行。

3）现场观察。检查人员对作业现场的生产设备、安全防护设施、作业环境、操作人员等进行观察，寻找不安全因素、事故隐患、事故征兆等。

4）仪器测量。检查人员利用一定的检测检验仪器设备，对在用的设施、设备、器材状况及作业环境条件等进行测量，检查是否存在隐患。

（3）综合分析。经现场检查和数据分析后，检查人员应对检查情况进行综合分析，得出结论和提出意见。

（4）结果反馈。现场检查和综合分析完成后，应将检查的结论和意见反馈至被检查对象。结果反馈的形式可以是现场反馈，也可以是书面反馈。现场反馈由于周期较短，可以及时将检查中发现的问题反馈至被检查对象；书面反馈周期较长，但比较正式。

（5）提出整改要求。检查结束后，检查人员针对检查发现的问题，应根据问题性质的不同，提出相应的整改措施和要求。

（6）整改落实。对安全检查发现的问题和隐患，生产经营单位应制订整改计划，建立安全生产问题隐患台账，定期跟踪隐患的整改落实情况，确保按要求整改完成，形成隐患整改的闭环管理。安全生产问题隐患台账应包括隐患分类、隐患描述、问题依据、整改要求、整改责任单位、整改周期等内容。

（7）信息反馈及持续改进。在整改措施计划完成后，安全管理部门应组织有关人员进行验收。对安全检查中反复发现的问题，生产经营单位应从规章制度的健全和完善、从业人员的安全教育培训、设备系统的更新改造、加强现场检查和监督等环节入手，做到持续改进，不断提高安全生产管理水平，防范生产安全事故的发生。

思考题

1. 如何理解风险与隐患、事故的关系？
2. 全员参与隐患排查工作的意义是什么？

第五节　重大危险源风险管控

1.《危险化学品重大危险源监督管理暂行规定》对重大危险源提出了哪些管理要求？

（1）危险化学品单位应当按照《危险化学品重大危险源辨识》（GB 18218—2018）标准，对本单位的危险化学品生产、经营、储存和使用装置、设施或者场所进行重大危险源辨识，并记录辨识过程与结果。

（2）危险化学品单位应当建立完善重大危险源安全管理规章制度和安全操作规程，并采取有效措施保证其得到执行。

（3）危险化学品单位应当按照国家有关规定，定期对重大危险源的安全设施和安全监测监控系统进行检测、检验，并进行经常性维护、保养，保证重大危险源的安全设施和安全监测监控系统有效、可靠运行。

（4）危险化学品单位应当明确重大危险源中关键装置、重点部位的责任人或者责任机构，并对重大危险源的安全生产状况进行定期检查，及时采取措施消除事故隐患。

（5）危险化学品单位应当对重大危险源的管理和操作岗位人员进行安全操作技能培训，使其了解重大危险源的危险特性，熟悉重大危险源安全管理规章制度和安全操作规程，掌握本岗位的安全操作技能和应急措施。

（6）危险化学品单位应当在重大危险源所在场所设置明显的安全警示标志，写明紧急情况下的应急处置办法。

（7）危险化学品单位应当将重大危险源可能发生的事故后果和应急措施等信息，以适当方式告知可能受影响的单位、区域及人员。

（8）危险化学品单位应当依法制定重大危险源事故应急预案，建立应急救援组织或者配备应急救援人员，配备必要的防护装备及应急救援器材、设备、物资，并保障其完好和方便使用。

（9）危险化学品单位应当制订重大危险源事故应急预案演练计划，并按照下列要求进行事故应急预案演练：对重大危险源专项应急预案，每年至少进行一次；对重大危险源现场处置方案，每半年至少进行一次。

（10）危险化学品单位应当根据构成重大危险源的危险化学品种类、数量、生产、使用工艺（方式）或者相关设备、设施等实际情况，按照下列要求建立健全安全监测监控体系，完善控制措施：

1）重大危险源配备温度、压力、液位、流量、组分等信息的不间断采集和监测系统以及可燃气体和有毒有害气体泄漏检测报警装置，并具备信息远传、连续记录、事故预警、信息存储等功能；一级或者二级重大危险源，具备紧急停车功能。记录的电子数据的保存时间不少于 30 天。

2）重大危险源的化工生产装置装备满足安全生产要求的自动化控制系统；一级或者二级重大危险源，装备紧急停车系统。

3）对重大危险源中的毒性气体、剧毒液体和易燃气体等重点设施，设置紧急切断装置；毒性气体的设施，设置泄漏物紧急处置装置。涉及毒性气体、液化气体、剧毒液体的一级或者二级重大危险源，配备独立的安全仪表系统（SIS）。

4）重大危险源中储存剧毒物质的场所或者设施，设置视频监控系统。

5）安全监测监控系统符合国家标准或者行业标准的规定。

另外，《危险化学品安全生产风险监测预警系统数据质量管理办法（试行）》规定，所有重大危险源场所的监测监控参数均应接入监测预警系统，并根据预警级别向各级包保负责人发送信息。

2. 有关文件对重大危险源的管理要求

（1）《危险化学品企业重大危险源安全包保责任制办法（试行）》（应急厅〔2021〕12 号）对重大危险源提出了以下几方面的管理要求。

1）危险化学品企业应当明确本企业每一处重大危险源的主要负责人、技术负责人和操作负责人，从总体管理、技术管理、操作管理三个层面对重大危险源实行安全包保。

2）危险化学品企业应当在重大危险源安全警示标志位置设立公示牌，写明重大危险源的主要负责人、技术负责人、操作负责人姓名、对应的安全包保职责及联系方式，接受员工监督。

3）危险化学品企业应当按照《应急管理部关于全面实施危险化学品企业安全风险研判与承诺公告制度的通知》（应急〔2018〕74 号）有关要求，向社会承诺公告重大危险源安全风险管控情况，在安全承诺公告牌企业承诺内容中增加落实重大危险源安全包保责任的相关内容。

4）危险化学品企业应当建立重大危险源主要负责人、技术负责人、操作负责人的安全包保履职记录，做到可查询、可追溯。

（2）《应急管理部关于全面实施危险化学品企业安全风险研判与承诺公告制度的通知》（应急〔2018〕74 号）对重大危险源提出了以下几方面的管理要求。

1）企业要建立安全风险研判制度，完善责任体系，明确企业主要负责人、分管负责人、各职能部门、各车间（分厂）、各班组岗位的工作职责，强化目标管理和履职考核，建立覆盖企业全员、全过程的安全风险研判工作流程。

2）在每日开展班组交接班、车间生产调度会、厂级生产调度会布置生产工作任务的同时，要同步研判各项工作的安全风险，落实安全风险管控措施。

3）重点研判生产装置的安全运行状态、危险化学品罐区、仓库等重大危险源的安全运行状态、危险化学品罐区动火作业是否做到升级管理等。

4）按照“一级向一级负责，一级让一级放心，一级向一级报告”的原则，企业各岗位、班组、车间、部门要每天做好职责范围内安全风险管控和隐患排查，自下而上层层研判、层层记录、层层报告、层层签字承诺，压实企业全员、全过程、全天候、全方位安全风险的研判和管控责任。

思考题

1. 如何做好重大危险源监测监控设施的日常维护？

2. 如何做好重大危险源场所的安全作业？

第六节　变更管理要求

一、变更管理的定义及分类

1. 变更管理的定义是什么？

化工企业变更是指企业内任何与化工过程相关的改造、停用、拆除或非同类替换的改变，以及对经过评审的管理方式和人员情况等进行的调整。化工企业变更包括企业在工艺、设备、仪表、电气、公用工程、备件、材料、化学品、生产组织方式和人员、组织机构等方面进行的改变。

化工企业的变更管理是指通过风险识别和分析，对变更进行有计划的风险控制和管理，从而避免由于变更对安全生产、职业健康和环境保护造成的不利影响和带来安全风险。

2. 变更是如何进行分类的？

（1）按变更专业，可将变更分为工艺技术变更、设备设施变更和管理变更，也可以进一步细分为总图变更、工艺技术变更、设备设施变更、仪表系统变更、公用工程变更、管理程序和制度变更、企业组织架构变更、生产组织方式变更、重要岗位的人员和职责变更、供应商变更、外部条件变更等。

（2）按变更期限，可将变更分为永久性变更和临时性变更。

（3）按变更流程，可将变更分为常规变更和紧急变更。

（4）按变更带来的风险大小，可将变更分为一般变更和重要变更。

3. 变更管理的目的和作用是什么？

变更管理的目的是对化学品、工艺技术、设备设施、程序以及操作过程等永久性或暂时性的变更进行有计划的规范控制，消除或减少由于变更而引起的潜在事故隐患，确保人身、财产安全，不破坏环境，不损害企业的声誉。变更管理具体可以起到以下作用：

（1）控制已经做过风险分析的系统实施的变更；

（2）明确变更过程中的责任；

（3）通知变更可能会影响到的相关人员；

（4）保证变更时的风险识别与评价；

（5）保证资料及时更新。

二、变更管理实施要求

1. 变更管理的程序是什么？

变更管理程序包括变更申请、变更风险评估及制定管控措施、变更审批、变更实施和相关方培训（告知）、变更验收和关闭。企业可根据变更的期限和风险大小，制定变更的分级标准，明确不同等级变更对应的审批程序。

（1）变更的申请。

1）企业应对需求单位提出的变更进行必要性评估，确认变更的必要性。

2）变更需求单位应提交变更申请表，写明申请变更的原因、目的、变更类别、潜在风险及控制措施、预计实施时间、变更内容及实施方案、变更涉及的相关方、变更后预期达到的效果、需更新的文件资料等。

（2）变更的风险评估及制定管控措施。

1）应采用合适的危害辨识和风险评估方法开展变更风险评估及制定管控措施。

2）参与变更风险评估的人员应包含变更涉及的所有专业人员，评估人员应具备相应的风险评估能力和工作经验，必要时邀请外部专家参与风险评估工作。

（3）变更的审批。

1）变更申请表及风险评估材料应按照管理制度要求，上报相应部门及负责人审批。

2）审批人应审查变更流程与管理制度的符合性、变更风险评估的准确性以及措施的有效性。

3）应严格依据批准后的变更方案实施变更，对变更方案作出的任何改变应重新执行变更程序。

（4）变更的实施和相关方培训（告知）。

1）变更应严格按照变更审批确定的内容和范围实施，实施过程中应严格落实风险控制措施。

2）应确保变更涉及的所有相关资料以及操作规程都得到适当的审查、修改、更新和归档。

3）应对变更可能受影响的本企业人员、承包商、供应商、外来人员进行相应的培训和告知，培训内容应包括变更目的、作用、变更内容及操作方法、变更中可能的风险和影响、风险的管控措施、同类事故案例等。

（5）变更的验收和关闭。

1）企业应在变更投用具备验收条件时及时完成验收工作，验收包括对变更与预期效果符合性的评估。

2）企业应建立变更管理档案，档案至少应包括变更申请审批表、风险评估记录、变更实施的相关资料、变更关闭确认记录、其他与变更相关的文件资料等。

2. 如何做好变更的风险评估和管理?

变更管理主要工作是管控各类变更带来的风险。对纳入管理的每项变更，都要由变更管理的责任部门指定具有相应能力的管理人员，组织有关人员进行变更风险识别和分析，要充分利用预先危险性分析（PHA）、危险与可操作性（HAZOP）分析、假设法（what－if）、蝴蝶结（bow－tie）法、事件树分析法（ETA）等风险分析方法，对所要进行的变更进行系统的风险识别和分析，针对变更可能带来的风险制定有效的管控措施，形成变更实施方案，按程序报备或报批。对于可能带来重大风险的变更实施方案，还要组织专家论证和按规定程序报批。

变更的风险评估要特别注意以下几点。

（1）变更的风险评估应从变更带来的潜在后果严重性和引发后果的可能因素两个方面开展。

1）后果的严重性应至少从以下 3 个因素进行评估：变更后系统中危险物质数量和危害特性的变化，变更后系统最严苛工艺条件的运行状况，变更后对整个系统、上下游工艺单元及相关设备设施运行的影响。

2）引发后果的可能因素至少从以下两个方面进行评估：变更是否增加了设备或系统的故障模式或故障点，变更是否破坏了原有保护层。

（2）精细化工企业涉及重点监管危险化工工艺和金属有机物合成反应（包括格氏反应）、采用间歇和半间歇反应的，在发生生产工艺变化、物料变化、操作方式、装置能力变化等变更的，需重新开展精细化工反应安全风险评估、确定危险度等级并采取有效管控措施。

（3）涉及安全仪表系统的联锁逻辑设定、硬件变更，应对该安全仪表回路的功能重新开展完整性评估。

（4）对于机构、职责、人员等管理方面的变更，应分析变更后是否造成管理责任的缺失和人员能力不足带来的风险。

（5）变更风险评估团队应包含变更涉及的所有专业，评估人员应具备一定风险评估力和工作经验。确保充分识别变更所带来的危害，充分评估风险，制定有效的风险控制措施，以及决策该变更的可行性。

3. 如何进行临时变更管理？

临时变更可能导致灾难性的事故，1974 年发生在英国弗利克斯伯勒（Flixborough）的已内酰胺生产装置爆炸事故就是一个典型的例子。临时在工艺系统中增加（或拆除）设备、使用临时的管道或阀门、临时绕开或取消关键报警或联锁（开、停车过程中有书面程序规定可以绕开的联锁除外）等都属于临时变更。

尽管临时变更不需要像永久变更那样更新图纸和文件，但是仍然应该按照正常变更的步骤完成变更申请、审查、批准、施工安装、投产前检查和培训等步骤。

临时变更需要在一段时间后恢复原貌，因此有一定的时间限制。工厂可以自己规定临时变更的期限，期限可以是几天或几周。假如超出期限，也可以延期，延期时应该有书面的批准。即使延期，通常期限也不应该超过 6 个月，否则需要在当前批准的临时变更到期时重新申请新的临时变更或转为永久性变更。未经审查和批准，任何临时变更都不得超过原批准范围和期限。

4. 如何进行紧急变更管理?

无论是管理人员还是普通的员工，都需要严格遵守变更管理程序的要求。但是在某些紧急情况下，如果不立即执行变更就可能带来严重的后果，例如：

(1) 可能使操作人员或附近的居民处于危险的境地；

(2) 极可能造成严重的环境破坏；

(3) 极可能严重威胁到当前的持续生产。

在这些情况下，需要立即执行变更，但在短时间内难以按照正常批准流程来执行各个步骤，为了满足这些特殊情况的要求，工厂可以明确紧急情况下的变更管理办法。

对于紧急情况下的变更，相关人员需要通过自己的能力，并且充分利用有限的资源完成对变更的审查和批准。有些公司规定，在紧急情况下，生产工程师可以在完成非正式的危害分析后就批准某项紧急变更。在某些情况下，如果必须由某人对变更内容进行审查，可以采取开电话会议、网络会议和发邮件等方式来完成审查。对于紧急变更的审查，重点是放在变更可能带来的短期的、直接的危害上。要采取一切必要的风险控制措施，保护人员、设备、环境不受显著影响。紧急变更应在风险管控措施落实完毕，经现场负责人确认后方可实施。实施期间企业应当做好相关技术记录，并在实施后 48 h 内按永久变更或临时变更流程补办变更手续。

紧急变更不是执行变更的“捷径”，在工艺系统恢复到正常状况后，紧急变更的负责人要及时按照正常的变更管理程序，重新组织人员对所完成的紧急变更的内容再次开展审查，并更新相关的文件资料。

紧急变更可以是永久变更，也可以是临时变更。需要指出的是，企业应运筹帷幄，做好设备完好性管理，尽可能减少和避免紧急变更。

5. 企业应重点关注哪些方面的变更？

（1）总图变更。建成装置内布置任何新的设备设施或建（构）筑物，都要考虑周边防火距离、防火防爆分区、消防和紧急撤离通道、检维修场所等方面带来的风险变化。

（2）工艺技术变更。工艺技术变更主要包括技术路线、工艺流程、操作条件、操作规程、操作程序（包括进料顺序）、控制回路、控制参数（包括报警参数）、联锁值改变或联锁摘除、原辅材料（包括助剂、添加剂、催化剂以及供应商等）、流程介质（包括组分），装置扩能、公用工程（如水、电、汽、风等）等方面的改变。

（3）设备设施变更。设备设施变更主要包括设备设施的更新改造，非同类替换（包括型号、材质、安全设施、设备运行参数和供应商的改变），设备设施布局的改变，备品备件、材料材质以及供应商的改变，基本控制仪表的改变，安全仪表（包括有毒可燃气体泄漏报警）的改变，装置优化控制软件的改变，电气设备的改变，增加临时的电气设备等。

（4）组织管理变更。组织管理变更主要包括企业内管理机构、管理职责、管理制度和标准、生产组织方式等方面的改变。

组织管理变更的风险主要靠企业组织有关部门参与专门论证和广泛征求意见识别和防范。要特别注意的是，组织管理变更的风险具有延迟性，组织管理变更对安全生产影响的显现可能有一个过程。

（5）重大人员变更。重大人员变更主要包括企业主要负责人，生产、工艺、设备、安全分管负责人，重要生产管理部门和生产装置主要负责人，重要技术管理骨干和重要岗位操作人员的变化。

重大人员变更的风险可以通过加强日常培训、重要岗位岗前培训和上岗考核控制或化解。还可以借鉴陶氏（Dow）化学公司安全述职的做法，控制企业主要负责人、分管负责人重要部门和装置负责人变化的风险。对安全生产影响大的人员改变后，新的人员上岗一段时间后（一般为2~3个月），上一级安全管理部门组织有关专家，听取新上任负责人的安全述职，内容包括分管装置（部门）安全管理的现状、存在的主要问题和今后加强及改进安全生产工作的打算等。通过安全述职，了解新上任负责人对安全生产情况的熟悉情况和下步工作思路，并给予有针对性的指导。这种做法可以督促新上任负责人尽快承担起安全生产责任。

（6）承包商、供应商变更。长期合作的承包商、供应商熟悉企业的安全要求和需求，改变承包商和供应商需要纳入变更管理。变更承包商要严格按照承包商管理的要求对其进行安全教育和培训。变更供应商时，要向新的供应商详细介绍企业采购设备设施、备品备件和原辅材料的用途规格、技术要求、安全生产作用，提示承包商必须严格按照合同要求供货。变更供应商后的一段时间内，化工企业要加强设备设施、备品备件和原辅材料的入厂核验工作。

需要特别强调的是，化工企业到底应重点关注哪些变更，可能不仅限于以上6个方面，需要企业依据本企业实际，基于风险考虑，根据行业的事故教训和管理经验以及企业自身的管理经验，规定必须纳入管理的变更清单。

思考题

1. 化工企业应如何做好变更管理？
2. 班组人员应如何做好现场相关变更工作？

第七节　危险作业风险识别及管控

1. 重大危险源场所哪些作业属于危险作业？

根据《危险化学品企业安全风险隐患排查治理导则》的规定，危险作业是指操作过程安全风险较大，容易发生人身伤亡或设备损坏，安全事故后果严重，需要采取特别控制措施的作业。一般包括：

（1）《危险化学品企业特殊作业安全规范》（GB 30871—2022）规定的动火、进入受限空间、盲板抽堵、高处、吊装、临时用电、动土、断路等特殊作业。

（2）储罐切水、液化烃充装等危险性较大的作业。

（3）安全风险较大的设备检维修作业。

2. 危险作业过程存在的主要风险是什么？

（1）特殊作业。特殊作业过程中存在的主要风险包括：导致火灾、爆炸、中毒和窒息、触电、物体打击、机械伤害、起重伤害、车辆伤害、高处坠落、灼烫、坍塌、淹溺等事故的风险。

1）动火作业。在存在易燃易爆气体、液体、粉尘等环境下实施动火作业，如果易燃易爆物不能有效隔离，在引入点火源后很容易引起燃烧甚至爆炸。在已经过气体检测分析合格的场所进行动火作业，也可能会因附着在设备管道内壁的残留物料受热再次产生易燃易爆气体，引发火灾爆炸。

2）进入受限空间作业。进入受限空间作业过程中，可能存在中毒、缺氧窒息、火灾燃爆及淹溺、高处坠落、触电、物体打击、机械伤害、灼烫、坍塌、高温高湿等各类风险。如人员进入盛装过有毒、可燃物料的受限空间，在置换、吹扫或蒸煮不彻底，残留或逸出有毒、可燃气体时，可能导致人员中毒、火灾爆炸；与受限空间连通的管道未严密封堵，导致可燃、有毒气体窜入受限空间内，可能引起作业人员中毒、火灾爆炸；未保持受限空间内空气良好流通而使氧含量未达到合格范围，可能导致的作业人员缺氧窒息等。

3）盲板抽堵作业。盲板抽堵作业过程中，最主要的风险是中毒窒息、灼烫（如化学灼伤、烫伤或冻伤）、火灾爆炸、物体打击等，其次是机械伤害、起重伤害，根据具体的作业情况，可能的风险还有高处坠落、触电等。

4）高处作业。在高处作业时，如果护栏、围挡等安全措施不到位，作业人员作业时未系安全带或安全带悬挂、使用不当，在高处行走时失足，都有可能导致人员意外跌落，造成高处坠落事故。

5）吊装作业。吊具或吊物碰撞设备、管道，可能会损坏设备、管道，并导致危险物料泄漏，继而导致人员中毒、化学灼伤、火灾爆炸等事故；靠近高架电力线路进行吊装作业，存在造成人员触电、损坏电力线路、供电线路停电的风险；吊物坠落、物体打击造成人员伤亡的风险；吊装操作人员、指挥人员操作不规范，导致多种起重事故的风险。

6）临时用电作业。临时用电作业过程中可能潜在的风险主要表现在人员触电和火灾爆炸。

7）动土和断路作业。动土和断路作业过程中，可能存在的风险主要有火灾爆炸、触电、人员中毒、坍塌、机械伤害风险。

（2）储罐切水、倒罐及液化烃充装作业。储罐切水、倒罐及液化烃充装作业过程中主要存在火灾、爆炸、人员中毒的风险。

1）作业过程中，操作人员离开现场，在出现险情时不能及时发现和处置，导致后果扩大的风险。

2）作业过程中，缺乏安全监护，在出现险情时，作业人员处置不力，导致后果扩大的风险。

3）切水作业过程中，作业人员违章操作，造成冒罐、跑料引起火灾爆炸的风险。

4）物料倒罐过程中，阀门切换错误造成物料倒错储罐带来的风险。

5）液化烃（含氯、氨）充装作业前检查不到位，作业过程中接口脱开造成物料泄漏带来火灾爆炸、人员中毒的风险。

（3）安全风险较大的设备检维修作业。对于风险较大的设备检维修作业，可能存在的风险包括以下几种。

1）设备清洗置换不到位，残存的物料可能造成作业人员中毒或物料引起的火灾爆炸风险。

2）设备检修涉及特殊作业，因安全措施管理不到位带来的风险。

3）关键设备体型较大、现场作业人员较多，可能造成物体打击、机械伤害、高处坠落、触电等各类伤害，造成人员伤亡的风险。

4）精密设备零部件较多，存在因零部件遗失、回装精度不足导致检修质量差、不能正常运行的风险。

5）对安全附件的检修，可能存在备用安全附件不能正常投用，带来设备不能安全运行的风险。

6）检维修现场人员较多，组织不合理，可能存在险情出现时群死群伤的风险。

7）检修现场和生产现场未能合理分隔，造成在出现险情时相互影响的风险。

3. 特殊作业过程可能存在哪些事故隐患？

（1）对作业场所易燃易爆气体检测不达标即进行动火作业。

（2）实施特殊作业前，未办理作业票即开始作业。

（3）在火灾爆炸危险场所作业时使用非防爆工具作业。

（4）动火作业时因分级不准确而降低审批要求，导致风险管控措施不足。

（5）进入受限空间作业时因受限空间内易燃易爆、有毒有害气体置换不达标而强行进入作业。

（6）实施特殊作业时，涉及特种作业的人员无证上岗，违章作业。

（7）实施特殊作业时，因缺乏监护人或监护人未履行职责。

（8）实施特殊作业时，采取的各种风险管控措施不到位或缺失。

（9）企业未制定特殊作业安全管理制度，相关人员不清楚自身在特殊作业管理过程中的职责而造成管理“真空”。

（10）企业特殊作业过程中出现变更或存在关联作业，未按照要求及时办理相关作业票造成风险管控措施不足。

《化工和危险化学品生产经营单位重大生产安全事故隐患判定标准（试行）》中将“未按照国家标准制定动火、进入受限空间等特殊作业管理制度，或者制度未有效执行”以及“特种作业人员未持证上岗”判定为重大隐患。

4. 如何管控危险作业安全风险？

对于特殊作业，应严格执行《危险化学品企业特殊作业安全规范》（GB 30871—2022）的要求，落实风险识别、风险管控，采取作业票审批制度和监护人现场监护等措施，从系统隔离、气体分析、票证办理、人员监护、着装规范、工具可靠等方面，强化作业前、作业中和作业后的安全风险管控。

（1）作业前，危险化学品企业应组织作业单位对作业现场和作业过程中可能存在的危险有害因素进行辨识，开展作业危害分析，制定相应的安全风险管控措施。

（2）作业前，危险化学品企业应采取措施对拟作业的设备设施、管线进行处理，确保满足相应作业安全要求。

（3）作业前，危险化学品企业应对参加作业的人员进行安全措施交底，主要包括：

1）作业现场和作业过程中可能存在的危险、有害因素及采取的具体安全措施与应急措施；

2）会同作业单位组织作业人员到作业现场，了解和熟悉现场环境，进一步核实安全措施的可靠性，熟悉应急救援器材的位置及分布；

3）涉及断路、动土作业时，应对作业现场的地下隐蔽工程进行交底。

（4）作业前，危险化学品企业应组织作业单位对作业现场及作业涉及的设备、设施、工器具等进行检查，并使之符合如下要求：

1）作业现场消防通道、行车通道应保持畅通，影响作业安全的杂物应清理干净。

2）作业现场的梯子、栏杆、平台、箅子板、盖板等设施应完整、牢固，采用的临时设施应确保安全。

3）作业现场可能危及安全的坑、井、沟、孔洞等应采取有效防护措施，并设警示标志；需要检修的设备上的电器电源应可靠断电，在电源开关处加锁并加挂安全警示牌。

4）作业使用的个体防护器具、消防器材、通信设备、照明设备等应完好。

5）作业时使用的脚手架、起重机械、电气焊（割）用具、手持电动工具等各种工器具符合作业安全要求，超过安全电压的手持式、移动式电动工器具应逐个配置漏电保护器和电源开关。

6）设置符合《安全标志及使用导则》（GB 2894—2008）的安全警示标志。

7）按照《危险化学品单位应急救援物资配备要求》（GB 30077—2013）配

备应急设施。

8）腐蚀性介质的作业场所应在现场就近（30 m 内）配备人员应急用冲洗水源。

（5）作业前，危险化学品企业应组织办理作业审批手续，并由相关责任人签字审批。同一作业涉及两种或两种以上特殊作业时，应同时执行各自作业要求，办理相应的作业审批手续。作业时，审批手续应齐全、安全措施应全部落实、作业环境应符合安全要求。

（6）同一作业区域应减少、控制多工种、多层次交叉作业，最大限度避免交叉作业；交叉作业应由危险化学品企业指定专人统一协调管理，作业前要组织开展交叉作业风险辨识，采取可靠的保护措施，并保持作业之间信息畅通，确保作业安全。

（7）当生产装置或作业现场出现异常，可能危及作业人员安全时，作业人员应立即停止作业，迅速撤离，并及时通知相关单位及人员。

（8）特殊作业涉及的特种作业和特种设备作业人员应取得相应资格证书，持证上岗。界定为《职业禁忌证界定导则》（GBZ/T 260—2014）中规定的职业禁忌证者不应参与相应作业。

（9）作业期间应设监护人。监护人应由具有生产（作业）实践经验的人员担任，并经专项培训考试合格，佩戴明显标识，持培训合格证上岗。

（10）作业审批人应在作业现场完成审批工作。

（11）作业完毕，应及时恢复作业时拆移的盖板、箅子板、扶手、栏杆、防护罩等安全设施的使用功能，恢复临时封闭的沟渠或地井，并清理作业现场，恢复原状。

（12）作业完毕，应及时进行验收确认。

（13）作业内容变更、作业范围扩大、作业地点转移或超过安全作业票有效期限时，应重新办理安全作业票；工艺条件、作业条件、作业方式或作业环境改变时，应重新进行作业危害分析，核对风险管控措施，重新办理安全作业票。

对于储罐切水、液化烃充装、倒罐等危险性较大的作业应采取一人作业、一人监护的方式，严格执行操作规程，杜绝违章作业，落实监护人制度来管控风险；对于安全风险较大的设备检维修作业，应通过编制检修方案，落实作业人员安全职责并加强与工艺操作人员的配合，做好能量隔离，以确保作业安全。

5. 为什么要加强对特殊作业环节的安全管理?

特殊作业具有作业过程风险大，事故易发、多发的特点，容易导致人身伤亡或设备损坏，造成严重的事故后果。据统计，约有40%以上的化工生产安全事故与特殊作业有关。特殊作业环节已经成为化工企业生产安全事故发生的“重灾区”。

特殊作业过程涉及电能、热能、化学能、势能等多种能量的产生和积聚，能量的意外释放导致事故发生；同时特殊作业过程需要作业人员具体实施，人员频发的违章行为加大了特殊作业环节出现事故的风险。特殊作业环节的风险特点决定了化工企业必须加强特殊作业的安全管理，尤其是加强重大危险源场所的特殊作业管理更是企业作业安全管理的重点。

思考题

1. 如何做到在火灾爆炸危险场所尽量“不动火”或“少动火”?
2. 自查本企业在特殊作业管理方面存在的缺陷。

第八节　危险化学品储存安全

一、危险化学品储存过程中的风险

1. 危险化学品储存过程中存在的风险类型有哪些?

危险化学品在储存过程中，除了具有化学品自身物理危险性、性质相互抵触的物品混存、超量储存等危险因素之外，储存设备设施欠缺、安全设施保护失效、作业人员违章操作、仓储管理制度欠缺以及外部环境不良等均是重要的危险因素。综合来说，危险化学品储存过程主要存在以下风险。

（1）火灾爆炸的风险。产生这类风险的主要原因是性质相互抵触的物品混存、明火源控制不严、车辆不防爆、设备出现老化、未设置静电释放器、产品变质等。危险化学品由于储存时间较长导致保持剂或润湿剂流散、附近场所动火作业防护不到位、其他外界因素（雷电冲击、线路浪涌）等同样可能导致火灾爆炸的产生。

（2）危险化学品泄漏的风险。产生这类风险的主要原因是作业人员违反操作规程、储存规范，导致出现泄漏等。作业人员素质不高，缺乏严格、系统的培训，加之规章制度不落实、劳动纪律涣散，作业人员操作不当易造成包装损坏、物料泄漏等，导致危险化学品泄漏。

（3）人员中毒的风险。产生这类风险的主要原因是作业人员对危险化学品的性质不了解，在作业过程中未采取个人防护措施，在接触有毒物质的过程中防护不到位，导致吸入、接触大量的有毒物质，最终导致中毒事故的发生。

（4）人员灼伤的风险。产生这类风险的主要原因是储存过程中容器破损、装卸设备选型错误、装卸操作不当、作业人员防护装备不全等。

2. 危险化学品储罐储存有哪些风险？

危险化学品储罐作为化工企业重大危险源中一种常见、常用的储存设施，在工艺生产、储存过程中发挥着承上启下的作用。储罐中储存的物料量大，且多为易燃易爆、有毒有害品，如若发生火灾、爆炸、泄漏等，会造成重大人员伤亡和经济损失。危险化学品储罐储存的风险主要有以下几个方面。

（1）储罐腐蚀泄漏的风险。产生这类风险的主要原因是储罐内外腐蚀，尤其是储罐底板腐蚀。储罐运行多年后便会出现不同程度的腐蚀渗漏情况。储罐腐蚀多由电化学腐蚀、化学腐蚀引起。合理选用储罐材质并做好电化学防护可以有效解决此类问题。

（2）储罐破裂的风险。在整个储运系统中，储罐破裂虽然不易发生，但一旦发生则会导致严重的安全事故。当储罐装满危险化学品之后，下部罐壁会受到比较大的压力（对于大型储罐来讲，其环向应力最大处在第一道环焊缝附近），所以罐壁下部容易发生储罐破裂事故。如果出现高液位下罐体突发性开裂情况，可能会冲毁防火堤，造成危险化学品外泄。如果失控的漫流易燃危险化学品遇点火源，则会引发大面积流淌火。储罐安装施工后进行全面检测，定期对焊缝、罐壁等进行测厚可以有效解决此类问题。

（3）储罐边缘板缝隙渗漏的风险。储罐基础与储罐罐底边缘板之间一般会因密封不严产生缝隙，雨水、水汽经边缘板缝隙进入储罐易造成储罐底部腐蚀穿孔。针对边缘板缝隙实施防水密封处理，能有效地解决此类问题。

（4）拱顶罐储存过程中的风险如下：

1）储罐超压或由于产生负压造成罐体破裂发生泄漏的风险。可采取设置适当的呼吸阀或安全阀等，防止由于气温变化、环境变化、上下游工艺波动等造成超压或产生负压。

2）罐内产生爆炸性混合气体的风险。可采取在呼吸阀上装设阻火器、装设接地系统、控制物料流速等措施控制风险。

3）腐蚀等各种原因造成泄漏的风险。可设置拦（液）围堰，防止漏液流出扩散。针对腐蚀性液体以及液体中掺杂的腐蚀性物质，可用耐腐蚀性材料制作储罐壳体，或在储罐中做耐腐蚀衬里。为了防止罐底接触地面产生电化学腐蚀，可在储罐底板外侧涂防锈涂料，并在与罐底接触的基础上 10 mm 的范围内浸涂含硫量低的重油或沥青，减少腐蚀情况的出现。

（5）球罐储存过程中的风险如下：

1）气温上升造成球罐温度、压力升高的风险。

2）装罐过量冒罐造成物料外泄的风险。

3）由于发生火灾，储罐受热后温度上升，结构强度降低，导致储罐破损的风险。

（6）低温罐储存过程中的风险如下：

1）低温脆性造成储罐材质强度降低的风险。

2）储罐与基础连接的部分由于土壤中的水分冻结造成罐底拱起，或者由于基础的温差造成弯曲破坏的风险。

3）气温上升使罐中的内压上升，造成夹套壁罐内壁破损及泄漏的风险。

二、危险化学品储存安全管理要求

1. 危险化学品储存方式有哪些？基本管理要求有哪些？

（1）危险化学品储存方式主要有 3 种，分别是隔离储存、隔开储存、分离储存。应根据危险化学品性能分区、分类、分库储存。

1）隔离储存。这是在同一房间或同一区域内，不同的物料之间分开一定距离，非禁忌物料间用通道保持空间的储存方式。

2）隔开储存。这是在同一建筑或同一区域内，用隔板或墙，将危险化学品与禁忌物料分离开的储存方式。

3）分离储存。这是在不同的建筑物或远离所有建筑的外部区域储存危险化学品的储存方式。

（2）危险化学品储存基本管理要求如下。

1）应建立危险化学品储存信息管理系统，按照储存量大小进行分层次要求，实时记录作业基础数据，包括但不限于：

①危险化学品出入库记录，包括但不限于时间，品种，品名，数量；

②识别化学品安全技术说明书中要求的灭火介质、应急、消防要求以及危险特性，理化性质，搬运、储存注意事项和禁忌等，以及可能涉及安全相容矩阵表；

③库存危险化学品品种、数量、库内分布、包装形式等信息；

④库存危险化学品禁忌配存情况；

⑤库存危险化学品安全和应急措施。

2）危险化学品储存信息数据应进行异地实时备份，数据保存期限不少于 1 年。

3）危险化学品信息系统应具有接入所在地相关监管部门业务信息系统的接口。

2. 危险化学品储存要求有哪些?

《危险化学品仓库储存通则》（GB 15603—2022）对危险化学品的储存要求如下：

（1）危险化学品仓库应采用隔离储存、隔开储存、分离储存的方式对危险化学品进行储存。

（2）应选择符合危险化学品的特性、防火要求及化学品安全技术说明书中储存要求的仓储设施进行储存。

（3）应根据危险化学品仓库的设计和经营许可要求，严格控制危险化学品的储存品种、数量。

（4）危险化学品储存应满足危险化学品分类、包装、储存方式及消防要求。

（5）危险化学品的储存配存，应符合表 3-15 要求及其化学品安全技术说明书的要求。

（6）储存爆炸物的仓库，其外部安全防护距离以及物品存放应满足《危险化学品经营企业安全技术基本要求》（GB 18265—2019）的要求。

（7）储存有毒气体或易燃气体，且其构成危险化学品重大危险源的仓库，其外部安全防护距离应满足《危险化学品经营企业安全技术基本要求》（GB 18265—2019）的要求。

（8）储存具有火灾危险性危险化学品的仓库，耐火等级、层数、面积及防火间距应符合《建筑设计防火规范（2018 年版）》（GB 50016—2014）的要求。

（9）剧毒化学品、易燃气体、氧化性气体、急性毒性气体、遇水放出易燃气体的物质和混合物、氯酸盐、高锰酸盐、亚硝酸盐、过氧化钠、过氧化氢、溴素应分离储存。

（10）剧毒化学品、监控化学品、易制毒化学品、易制爆危险化学品，应按规定将储存地点、储存数量、流向及管理人员的情况报相关部门备案，剧毒化学品以及构成重大危险源的危险化学品，应当在专用仓库内单独存放，并实行双人收发、双人保管制度。

表 3-15 危险化学品储存配存表

化学品危险和危害种类	爆炸物	易燃气体、气溶胶	氧化性气体	加压气体（不燃）	易燃液体	易燃固体	自反应物质和混合物	自燃液体、固体	自热物质和混合物	遇水放出易燃气体的物质和混合物	氧化性液体、固体		有机过氧化物	金属腐蚀物 皮肤腐蚀/刺激，类别 1 严重眼损伤/眼刺激，类别 1				急性毒性			
											无机	有机		酸性无机	酸性有机	碱性无机	碱性有机	剧毒无机	剧毒有机	其他无机	其他有机
爆炸物	×																				
易燃气体、气溶胶	×	0																			
氧化性气体	×	×	0																		
加压气体（不燃、非助燃）	×	0	0	0																	
易燃液体	×	×	×	×	0																
易燃固体	×	×	×	×	消	0															
自反应物质和混合物	×	×	×	×	×	×	0														
自燃液体、自燃固体	×	×	×	×	×	×	×	0													
自热物质和混合物	×	×	×	×	×	×	×	×	0												
遇水放出易燃气体的物质和混合物	×	×	×	×	×	×	×	×	×	0											
氧化性液体、固体 无机	×	×	×	分	×	×	×	×	×	×	0										
氧化性液体、固体 有机	×	×	×	消	×	×	×	×	×	×	×	0									
有机过氧化物	×	×	×	×	×	×	×	×	×	×	×	×	0								

续表

化学品危险和危害种类		爆炸物	易燃气体、气溶胶	氧化性气体	加压气体（不燃）	易燃液体	易燃固体	自反应物质和混合物	自燃液体、固体	自热物质和混合物	遇水放出易燃气体的物质和混合物	氧化性液体、固体		有机过氧化物	金属腐蚀物 皮肤腐蚀/刺激，类别1 严重眼损伤/眼刺激，类别1				急性毒性			
												无机	有机		酸性无机	酸性有机	碱性无机	碱性有机	剧毒无机	剧毒有机	其他无机	其他有机
金属腐蚀物 皮肤腐蚀/刺激，类别1 严重眼损伤/眼刺激，类别1	酸性无机	×	×	×	×	×	×	×	×	×	×	×	×	×	0							
	酸性有机	×	×	×	×	消	×	×	×	×	×	×	×	×	×	0						
	碱性无机	×	×	×	分	消	分	×	×	分	×	分	消	×	×	×	0					
	碱性有机	×	×	×	×	消	消	×	×	×	×	×	×	×	×	×	0	0				
急性毒性	剧毒无机	×	×	×	×	×	×	×	×	×	×	×	×	×	×	×	×	×	0			
	剧毒有机	×	×	×	×	×	×	×	×	×	×	×	×	×	×	×	×	×	0	0		
	其他无机	×	×	×	分	消	分	×	×	分	×	分	×	×	×	×	×	×	×	×	0	
	其他有机	×	×	×	×	分	消	×	×	×	×	×	×	×	×	×	×	×	×	×	0	0

注：1.“0”表示原则上可以混存；具体化学品能否混存，参考其安全技术说明书。凡混存物品，堆垛与堆垛之间，应留有 1 m 以上的距离，并要求包装容器完整，不使两种物品发生接触。

2.“×”表示互为禁忌物品，除上述（9）规定外，应隔开储存。

3.“分”指应按化学品的危险性分类进行隔离储存，堆垛与堆垛之间，应留有 2 m 以上的距离。

4.“消”指两种物品性能并不相互抵触，但消防施救方法不同，应隔开储存。

5. 当危险化学品具有两种以上危险性时，应按照最严格的禁配要求进行配存。

6. 表中未涉及的健康危害和环境危害类别，具体配存要求参见其化学品安全技术说明书。

7. 爆炸物具体储存要求按照《危险化学品经营企业安全技术基本要求》（GB 18265—2019）执行。

3. 危险化学品出入库管理的要求有哪些?

《危险化学品仓库储存通则》（GB 15603—2022）对危险化学品的入库、在库、出库管理要求如下：

（1）入库作业。

1）入库前应做好储存位置、搬运工具、加固材料、防护装备、交接清单的准备。

2）应对运输车辆（厢）、装载状况（含施封）进行检查。

3）应对入库危险化学品的品名、规格、数量与入库信息或单据的一致性进行查验。

4）入库物品的包装应完好，标志、安全标签应规范、清晰。

5）入库物品应附有中文化学品安全技术说明书和安全标签。

6）入库数量应以实际验收为准。

7）验收完毕应作好记录并归档，单据保存期限不少于 1 年。

（2）在库管理。

1）应定期进行盘点，并记录。发现账货不符，应及时进行处理。

2）应定期对物品堆码状态、包装及仓库进行检查，并记录。应对检查发现的问题及时进行处理。

3）应根据储存的危险化学品特性和气候条件，确定每日观测库内温湿度次数，并记录。

4）应根据储存的危险化学品特性，正确调节控制库内温湿度。

5）盘点、检查、观测记录应保存不少于 1 年。

（3）出库作业。

1）应在出库作业前，进行账货核对。

2）应核对出库单据的有效性。发现问题立即与相关方协调处理。

3）应查验提货车辆及驾驶、押运人员的资质，并记录。不符合要求的不应受理出库业务。

4）应做好出库前安全检查，确保包装及标签、标志正确完好，货物捆扎安全牢固。

5）出库单据保存期应不少于 1 年。

4. 危险化学品储存过程中发生火灾的主要原因有哪些?

（1）着火源管理控制不严。着火源是指引起可燃物燃烧的一切热能源，包括明火焰、赤热体、火星、电火花、化学能等。在危险化学品储存过程中的着火源主要有两个方面，一是危险化学品在运输途中接触烟头、燃放鞭炮时落下的火星等明火，未能及时发现，将火种带入库内引燃成灾；烟囱飞火、汽车排气管的火星、库房周围的明火作业、吸烟的烟头等外来火种。二是内部设备不良、操作不当引起的电火花、撞击火花和太阳能、化学能等。

（2）性质相互抵触的物品混存自燃起火。由于危险化学品保管人员缺乏知识，或者是有些危险化学品出厂时缺乏鉴定，在产品说明书上没有明确说明而造成性质相互抵触的危险品混存、混放。

（3）危险化学品包装损坏或不符合要求导致火灾。危险化学品容器的包装损坏或者出厂的包装不符合安全要求都会引起事故。常见的情况有压缩气体气瓶不戴安全帽、金属钾或钠的容器渗漏、电石桶内充装的氮气泄漏、盛装黄磷的容器缺水、盛装易燃液体的玻璃容器瓶盖不严、瓶身上有泡疵点受阳光照射而聚焦等。

（4）危险化学品养护管理不善自燃起火。有很多危险化学品对温度、湿度都有严格的要求，在储存保管过程中如果缺乏养护管理知识，就会导致火灾事故。

（5）违反危险化学品安全操作规程导致火灾。搬运危险化学品没有轻装轻卸、码垛过高不稳发生倒桩，在库内改装打包、封焊修理，易燃液体、气体装卸违反安全操作规程等，往往造成事故。

（6）危险化学品库房建筑不符合存放要求导致自燃起火。危险化学品库房的建筑条件差，建筑设施不适应所储存物品的要求也往往导致火灾事故的发生。

（7）电气设备不良、静电接地不好产生电火花。电气设备特别是照明和动力线路，往往由于安装不当或年久失修，绝缘老化、破损造成短路；或者照明灯具烤着可燃物引起火灾；或者由于储罐、管道接地不好致使静电聚积产生放电火花，引起泄漏的可燃气体与空气的混合物爆炸。

（8）雷击事故。我国曾多次发生过油罐和棉麻码垛遭受雷击的事故。例如，中国石油天然气总公司所属的黄岛油库，因雷击引起油罐爆炸起火，大火燃烧了 104 h，死亡 19 人，烧掉原油 36 000 t，经济损失达 1 000 多万元。

（9）危险化学品着火扑救不当酿成大火。着火时，由于不熟悉危险化学品的性能和灭火方法，使用不当的灭火剂而使火灾扩大，也是小火造成大火的一个原因。

5. 危险化学品装卸环节安全管理要求有哪些?

（1）建立危险化学品装卸环节安全管理制度，明确作业前、作业中和作业后各个环节的安全要求；严格执行危险化学品发货和装载查验、登记、核准制度。

（2）建立和完善危险化学品装卸车操作规程，如装卸作业时应对接口连接可靠性进行确认，装卸车过程中应安排具备从业资格的装卸人员进行作业，严禁由驾驶人员直接代替装卸人员进行装卸，配备现场监护人员。

（3）定期检查装卸场所是否符合安全要求，安全管理措施是否落实到位，应急预案及应急措施是否完备，装卸人员、驾驶人员、押运人员是否具备从业资格，装卸人员是否经培训合格后上岗作业，危险化学品装卸车设施是否完好、功能是否完备。

（4）储罐切水作业、液化烃充装作业、安全风险较大的设备检维修等危险作业应制定相应的作业程序并在作业时严格执行。

针对上述危险作业，应做好下几点：

1）液化烃罐区作业应实行“双人操作”，一人作业、一人监护；

2）液化烃球罐切水作业必须坚持“阀开不离人”，做到“不可靠不切水，无监护不切水”；

3）石油化工企业在生产装置停工期间，必须保障液化烃罐区安全运行所需要的仪表风、氮气、蒸汽等公用工程的稳定供应，相关安全设施必须完好、有效。

思考题

1. 如何通过现场巡检做好危险化学品的储存安全？
2. 结合企业自身，危险化学品在储存中存在哪些隐患？

第四章
设备设施使用及维护

第一节　设备的使用及维护

一、化工设备基础知识

1. 化工企业的化工容器是如何分类的?

不同的角度对化工容器及设备有不同的分类方法，常用的分类方法有以下几种。

(1) 按压力等级分类。按承压方式分类，化工容器可分为内压容器与外压容器。内压容器按设计压力大小又可分为四个压力等级，具体划分如下:

1) 低压 (代号 L) 容器，$0.1\ MPa < p < 1.6\ MPa$；

2) 中压 (代号 M) 容器，$1.6\ MPa \leqslant p < 10.0\ MPa$；

3) 高压 (代号 H) 容器，$10.0\ MPa \leqslant p < 100\ MPa$；

4) 超高压 (代号 U) 容器，$p \geqslant 100\ MPa$。

外压容器中，当容器的内压低于大气压 (约 0.1 MPa) 时又称为真空容器。

(2) 按作用分类。根据化工容器在生产工艺过程中的作用，可分为反应容器、换热容器、分离容器、储存容器。

(3) 按壁厚分类。按容器的壁厚可分为薄壁容器和厚壁容器，当筒体外径与

内径之比 $D/d \leq 1.2$ 时，称为薄壁容器；$D/d > 1.2$ 时，称为厚壁容器。

（4）按支承形式分类。当容器采用立式支座支承时叫立式容器，采用卧式支座支承时叫卧式容器。

（5）按材料分类。由金属材料制成的容器叫金属容器，由非金属材料制成的容器叫非金属容器。

（6）按几何形状分类。按容器几何形状可分为圆柱形、球形、椭圆形、锥形、矩形等容器。

（7）按安全技术管理分类。上面所述的几种分类方法仅仅考虑了压力容器的某个设计参数或使用状况，还不能综合反映压力容器面临的整体危害水平。例如，储存易燃或毒性程度中度及以上危害介质的压力容器，其危害性要比相同几何尺寸、储存毒性程度轻度或非易燃介质的压力容器大得多。压力容器的危害性还与其设计压力 p 和全容积 V 的乘积有关，pV 值越大，则容器破裂时爆炸能量越大，危害性也越大，对容器的设计、制造、检验、使用和管理的要求越高。因此，《固定式压力容器安全技术监察规程》（TSG 21—2016）采用既考虑容器压力与容积乘积大小，又考虑介质危害程度以及容器品种的综合分类方法，有利于安全技术监督和管理。该方法将压力容器分为三类，级别最高的是第三类压力容器，具体情况参见《固定式压力容器安全技术监察规程》（TSG 21—2016）。

该分类方法综合考虑了设计压力、几何容积、材料强度、应用场合和介质危害程度等影响因素，分类方法比较科学合理。

2. 化工生产过程对化工设备的基本要求有哪些?

化工生产过程和化工设备紧密相关。化工设备是化工生产过程的具体实现者，设备运行是否正常，直接关系到生产的安全和稳定。要保证生产安全、稳定运行，必须了解化工生产的特点，了解化工生产环境对设备的各种影响因素，掌握化工生产过程对设备、材料的具体要求。化工生产过程对化工设备的基本要求如下。

（1）安全性能要求。

1）足够的强度。强度是指在载荷作用下材料抵抗永久变形和断裂的能力。

屈服点和抗拉强度是钢材常用的强度判据。化工设备是由一定的材料制造而成的，其安全性与材料强度紧密相关，在相同设计条件下，提高材料强度，可以增大许用应力，减薄化工设备的壁厚，减轻重量，便于制造、运输和安装，从而降低成本，提高综合经济性。对于大型化工设备，采用高强度材料的效果尤为显著。

2）良好的韧性。韧性是指材料断裂前吸收变形能量的能力。由于原材料制造（特别是焊接）和使用（如疲劳、应力腐蚀）等方面的原因，化工设备的构件常带有各种各样的缺陷，如裂纹、气孔、夹渣等。如果材料韧性差，可能因其本身的缺陷或在波动载荷作用下而发生脆性断裂。

3）足够的刚度。刚度是设备在载荷作用下保持原有形状的能力。刚度不足是设备过度变形的主要原因之一。例如，螺栓、法兰和垫片组成的连接结构，若法兰因刚度不足而发生过度变形，将导致密封失效而泄漏。

4）良好的耐腐蚀性。设备处理的介质往往是腐蚀性强的酸、碱、盐。材料被腐蚀后，不仅会导致壁厚减薄，而且有可能改变设备材料的组织和性能。因此，材料必须具有较强的耐腐蚀性能。

5）可靠的密封性。密封性是指化工设备防止介质泄漏的能力。由于化工生产中的介质往往具有危害性，发生泄漏不仅有可能造成环境污染，还可能引起中毒、燃烧和爆炸。因此密封的可靠性是化工设备安全运行的必要条件。

（2）工艺性能要求。

1）达到工艺指标。化工生产过程的工艺指标是由化工设备来完成的，化工设备需具备一定的工艺指标要求，以满足生产的需要（如储罐的储存量、换热器的传热量、反应器的反应速率、塔设备的传质效率等）工艺指标达不到要求，将影响整个过程的生产效率，造成经济损失。

2）生产效率高、消耗低。化工设备的生产效率用单位时间、单位体积（或面积）内所完成的生产任务来衡量。如换热器在单位时间、单位传热面积内的传热量，反应器在单位时间、单位容积内的产品数量等。消耗是指生产单位质量或体积产品所需要的资源（如原料燃料、电能等）。设备选用时应从工艺、结构等方面来考虑提高化工设备的生产效率和降低消耗。

（3）使用性能要求。

1）结构合理、制造简单。化工设备的结构要紧凑、设计要合理、材料利用率要高。制造方法要有利于实现机械化、自动化，有利于成批生产，以降低生产成本。

2）运输与安装方便。化工设备一般由机械制造厂生产，再运至使用单位安装。对于中小型设备，运输安装一般比较方便。但对于大型设备，应考虑运输的可行性，如运载工具的能力、空间大小、码头深度、桥梁与路面的承载能力、吊装设备的吨位等。对于特大型设备或有特殊要求的设备，则应考虑采用现场组装的条件和方法。

3）操作、控制、维护简便。化工设备的操作程序和方法要简单，维护方便。化工设备最好能设有防止错误操作的报警装置。当操作过程中出现超温、超压、泄漏和其他异常情况时，能发出警报信号，并可对操作状态进行调节。

（4）经济性能要求。

在满足安全性、工艺性、使用性的前提下，应尽量减少化工设备的基建投资和日常维护、操作费用，并使设备在使用期内安全运行，以获得较好的经济效益。

3. 特种设备包含什么？化工企业常用特种设备配备的安全附件都有哪些？

根据《中华人民共和国特种设备安全法》的规定，特种设备是指对人身和财产安全有较大危险性的锅炉、压力容器（含气瓶）、压力管道、电梯、起重机械、客运索道、大型游乐设施、场（厂）内专用机动车辆。特种设备依据其主要工作特点，分为承压类特种设备和机电类特种设备。

化工企业常用的特种设备包括压力容器、压力管道和锅炉等。压力容器、压力管道配备的安全附件有安全阀、爆破片、压力表、液面计和温度表等；锅炉配备的安全附件有压力表、安全阀、水位计、温度表等。

4. 安全附件的设置和使用管理要求有哪些？

（1）安全阀。按照《锅炉安全技术规程》（TSG 11—2020）的要求，每台锅炉至少应当装设 2 个安全阀（包括锅筒和过热器安全阀）。符合下列规定之一的，可只装设 1 个安全阀：

1）额定蒸发量小于或者等于 0.5 t/h 的蒸汽锅炉；

2）额定蒸发量小于 4 t/h 并且装设有可靠的超压联锁保护装置的蒸汽锅炉；

3）额定热功率小于或者等于 2.8 MW 的热水锅炉。

按照《安全阀安全技术监察规程》（TSG ZF001—2006）的要求，安全阀的选用应符合下列要求：

1）安全阀适用于清洁、无颗粒、低黏度的流体；

2）全启式安全阀适用于排放气体、蒸汽或者液体介质，微启式安全阀一般适用于排放液体介质，排放有毒或者可燃性介质时必须选用封闭式安全阀。

安全阀一般每年至少校验一次。

（2）爆破片。符合下列条件之一的被保护承压设备，应单独使用爆破片安全装置作为超压泄放装置：

1）容器内压力迅速增加，安全阀来不及反应的；

2）设计上不允许容器内介质有任何微量泄漏的；

3）容器内介质产生的沉淀物或粘着胶状物有可能导致安全阀失效的；

4）由于低温的影响，安全阀不能正常工作的；

5）由于泄压面积过大或泄放压力过高（低）等原因安全阀不适用的。

属于下列情况之一的被保护承压设备，爆破片安全装置应串联在安全阀入口侧：

1）为避免因爆破片的破裂而损失大量的工艺物料或盛装介质的；

2）安全阀不能直接使用场合（如介质腐蚀、不允许泄漏等）的；

3）移动式压力容器中装运毒性程度为极度、高度危害或强腐蚀性介质的。

若安全阀出口侧有可能被腐蚀或存在外来压力源的干扰时，应在安全阀出口侧设置爆破片安全装置，以保护安全阀的正常工作。

属于下列情况之一的被保护承压设备，可设置 1 个或多个爆破片安全装置与安全阀并联使用：

1）防止在异常工况下压力迅速升高的；

2）作为辅助安全泄放装置，考虑在有可能遇到火灾或接近不能预料的外来热源需要增加泄放面积的。

（3）水位表。按照《锅炉安全技术规程》（TSG 11—2020）要求，每台蒸汽锅炉锅筒（壳）应当装设至少 2 个彼此独立的直读式水位表。符合下列规定之一的，可只装设 1 个直读式水位表：

1）额定蒸发量小于或者等于 0.5 t/h 的锅炉；

2）额定蒸发量小于或者等于 2 t/h，并且装设有一套可靠的水位示控装置的锅炉；

3）装设 2 套各自独立的远程水位测量装置的锅炉；

4）电加热锅炉。

二、固定式压力容器、锅炉、压力管道的使用维护

1. 固定式压力容器的定义是什么？固定式压力容器按照用途划分可以分为几类？

（1）固定式压力容器的定义。按照《固定式压力容器安全技术监察规程》（TSG 21—2016）的规定，固定式压力容器是指特种设备目录所定义的同时具备以下条件的压力容器：

1）工作压力大于或者等于 0.1 MPa；

2）容积大于或者等于 0.03 m^3 并且内直径（非圆形截面指截面内边界最大几何尺寸）大于或者等于 150 mm；

3）盛装介质为气体、液化气体以及介质最高工作温度高于或者等于其标准沸点的液体（容器内介质为最高工作温度低于其标准沸点的液体时，如果气相空间的容积大于或者等于 0.03 m^3 时，也属于该规程的适用范围）。

（2）固定式压力容器按照用途划分可以分为以下几类：

1）反应压力容器（代号 R），主要是用于完成介质的物理、化学反应的压力容器，如各种反应器、反应釜、聚合釜、合成塔、变换炉、煤气发生炉等；

2）换热压力容器（代号 E），主要是用于完成介质的热量交换的压力容器，

如各种热交换器、冷却器、冷凝器、蒸发器等；

3）分离压力容器（代号 S），主要是用于完成介质的流体压力平衡缓冲和气体净化分离的压力容器，如各种分离器、过滤器、集油器、洗涤器、吸收塔、铜洗塔、干燥塔、汽提塔、分汽缸、除氧器等；

4）储存压力容器（代号 C，其中球罐代号 B），主要是用于储存或者盛装气体、液体、液化气体等介质的压力容器，如各种型式的储罐。

在一种压力容器中，如同时具备两个以上的工艺作用原理时，应当按照工艺过程中的主要作用来划分。

2. 压力容器的安全状况等级和检验周期是如何确定的？

（1）根据《固定式压力容器安全技术监察规程》（TSG 21—2016）的规定，压力容器使用单位应当按照规定在压力容器投入使用前或者投入使用后 30 日内，向所在地负责特种设备使用登记的部门（以下简称使用登记机关）申请办理特种设备使用登记证。新装压力容器登记时，应向登记单位提供符合《固定式压力容器安全技术监察规程》（TSG 21—2016）相关要求的设计、制造、安装和监督检验资料。办理使用登记时，安全状况等级和首次检验日期按照以下要求确定：

1）使用登记机关确认制造资料齐全的新压力容器，其安全状况等级为 1 级；进口压力容器安全状况等级由实施进口压力容器监督检验的特种设备检验机构评定。

2）压力容器首次定期检验日期按照《固定式压力容器安全技术监察规程》（TSG 21—2016）有关规定确定，产品标准或者使用单位认为有必要缩短检验周期的除外；特殊情况，需要延长首次定期检验日期时，由使用单位提出书面申请说明情况，经使用单位安全管理负责人批准，可适当延长。

（2）金属压力容器检验周期。金属压力容器一般于投用后 3 年内进行首次定期检验。以后的检验周期由检验机构根据压力容器的安全状况等级，按照以下要求确定：

1）安全状况等级为 1、2 级的，一般每 6 年检验一次；

2）安全状况等级为 3 级的，一般每 3 年至 6 年检验一次；

3）安全状况等级为4级的，监控使用，其检验周期由检验机构确定，累计监控使用时间不得超过3年，在监控使用期间，使用单位应当采取有效的监控措施；

4）安全状况等级为5级的，应当对缺陷进行处理，否则不得继续使用。

3. 压力容器月度检查和年度检查要求是什么？

按照《固定式压力容器安全技术监察规程》（TSG 21—2016）的规定，压力容器定期自行检查包括压力容器的月度检查和年度检查。

（1）压力容器月度检查要求。使用单位每月对所使用的压力容器至少进行1次月度检查，并且应当记录检查情况；当年度检查与月度检查时间重合时，可不再进行月度检查。月度检查内容主要为压力容器本体及其安全附件、装卸附件、安全保护装置、测量调控装置、附属仪器仪表是否完好，各密封面有无泄漏，以及其他异常情况等。

（2）压力容器年度检查要求。使用单位每年对所使用的压力容器至少进行1次年度检查。年度检查工作完成后，应当进行压力容器使用安全状况分析，并且及时消除年度检查中发现的隐患。年度检查工作可以由压力容器使用单位安全管理人员组织经过专业培训的作业人员进行，也可以委托有资质的特种设备检验机构进行。检查内容如下：

1）压力容器的安全管理制度是否齐全有效；

2）压力容器的设计文件、竣工图样、产品合格证、产品质量证明文件、安装及使用维护保养说明、监检证书以及安装、改造、修理资料等是否完整；

3）特种设备使用登记证、特种设备使用登记表是否与实际相符；

4）压力容器日常维护保养、运行记录及定期安全检查记录是否符合要求；

5）压力容器年度检查、定期检验报告是否齐全，检查、检验报告中所提出的问题是否得到解决；

6）安全附件及仪表的校验（检定）、修理和更换记录是否齐全真实；

7）是否有压力容器应急专项预案和演练记录；

8）是否对压力容器事故、故障情况进行了记录。

4. 压力容器的检修周期是怎么规定的？在压力容器检修前重点检查的内容是什么？

（1）按照《固定式压力容器安全技术监察规程》（TSG 21—2016）的要求，安排压力容器的外部检查及内外部检验，根据检验结果，结合装置检修确定检修周期，一般为3~6年。

（2）在压力容器检修前重点检查的内容有：

1）检查以宏观检查、壁厚测定、内表面检测为主，必要时可采用其他无损检测方法。

2）检查内外表面的腐蚀和机械损伤。采取定点测厚手段，检查壁厚是否减薄。

3）检查结构及几何尺寸是否符合要求。

4）检查材质是否符合要求，检查焊缝有无明显缺陷。

5）检查法兰密封面有无裂纹。检查紧固螺栓的完好情况，对重复使用的螺栓应逐个清洗，检查其损伤情况，必要时进行表面无损检测。应重点检查螺纹及过渡部位有无环向裂纹。

6）检查支承或支座的损坏，大型容器的基础下沉、倾斜及开裂。

7）检查保温层、隔热层、衬里有无破损，堆焊层有无剥离。

8）检查安全附件是否灵敏、可靠。

5. 锅炉安全装置有哪些？

锅炉安全装置是为了保护锅炉能够安全运行而装设在锅炉本体设备上的一种附属设备，主要包括以下安全装置。

（1）水位保护。锅炉配套1~2只板式水位计，应经常相互比较，发现指示不一致的，须立即校正。水位计应每班进行冲洗，以确定其真实水位。同时还配有电极点水位平衡筒，可以准确地采集水位信号以发出报警或进行给水泵控制。

（2）压力保护。锅炉压力超过额定值时，需进行联锁保护。方法是停炉，燃烧系统停止工作；也可改变火嘴，单段或双段燃烧，也可调节油量，从而降压，确保锅炉安全运行。

蒸汽锅炉压力保护与水位一样，采用多重保护。

1）一般用2个压力控制器，将压力信号转化为电气信号的机电转换装置，它的功能将压力高、低不同的信号输给电气开关，对外线路进行自动控制或联锁保护。

常用压力控制器及电接点压力表，能使蒸汽压力超压报警，达到极限时切断燃烧器；压力控制器根据实际运行压力调节单火或双火燃烧；对于大型燃烧器，可根据压力大小调节燃油量的大小，始终保持压力稳定运行。

2）安全阀是锅炉保护中的最后一道防线，在锅炉压力超过极限时，根据安全阀设计所配的整定压力，排气泄压，确保锅炉正常运行。

（3）温度保护。温度保护是锅炉安全运行过程中的重要程序，对于蒸汽锅炉温度的调节及保护尤为重要；同时在热水锅炉超温时达到调节保护作用。锅炉常用的温度保护装置为双金属温度控制器。

（4）熄火保护。为防止炉膛爆炸事件的发生，燃油（气）锅炉必须设置熄火保护装置，以监测炉膛内燃烧情况［包括点火，当点火失败或燃烧中途熄灭时，一般在5 s内重新点火，1 s内运行，关闭进油（气）电磁阀，并接通和发出声光报警信号，这时鼓风机继续运转，吹扫炉膛内残余的可燃气体，经过20~30 s的吹扫后，自动切断鼓风机及各种辅机电源，锅炉停止运行］。熄火保护装置由火焰监测器和控制装置组成。火焰监测器的作用是监测控制装置发出火焰存在或中断的信号，主要使用的是光电倍增管、光敏电阻和光电池，它们都有紫外型或红外型。工作原理是将光照辐射的强弱转变成相应的强弱电流，并呈线性状态输出。有时感应电流弱，要通过放大，才能对控制器产生作用。

（5）停电自锁保护。在突发电源中断情况下，锅炉运行立即停炉自锁，若电流恢复通电，必须复位解除自锁，才能重新点火启动。采用进口彩色和单色触摸屏控制系统，运行过程实现全自动化，具有自动补水、缺水超温、超压、自动断电并报警、漏电保护等安全保护系统。

6. 锅炉运行过程中安全管理要点有哪些？

（1）建立规章制度及操作规程。使用锅炉的单位应根据情况建立以锅炉岗位责任制为主要内容的各项规章制度，如锅炉安全操作规程、交接班制度、安全检查制度、事故报告制度等，对用煤粉、油、气作燃料的锅炉还应制定防火、防爆细则，并保证贯彻执行。

（2）持证上岗。锅炉操作人员应取得特种作业人员操作证后，方可独立操作。

（3）严格操作。锅炉运行中，操作人员应认真执行有关锅炉运行的各项制度及操作规程，按照工艺指标严格操作，做好运行原始记录和交接班记录，严格遵守劳动纪律，不得擅自离开岗位，不得做与本岗位无关的事。

（4）日常检查及维护保养到位。各级管理人员、维修、电气、仪表自控等专业人员、岗位操作人员应按照各自分工职责，做好锅炉给水泵是否备用、安全阀及温度计等安全附件是否灵敏等设备设施及工艺运行方面专业检查及维护保养工作，确保锅炉良好运行。

（5）做好应急管理。制定锅炉超压、缺水、满水、汽水共腾、锅炉爆管、锅炉水锤等事故应急处置方案，对岗位员工及相关管理人员进行培训及应急演练，确保发生上述事故或事件时，能做到处置得当，避免出现大的安全事故。

7. 压力管道事故常见原因及防范措施有哪些?

（1）压力管道事故常见原因如下。

1）设计问题。设计无资质，特别是中小厂的技术改造项目往往自行设计，设计方案未经有关部门备案。

2）焊缝缺陷。无证焊工施焊；焊接不开坡口，焊缝未焊透，焊缝严重错边或其他超标缺陷造成焊缝强度低下；焊后未进行检验和无损检测查出超标焊接缺陷。

3）材料缺陷。材料选择或改代错误，材料质量差，有重皮等缺陷。

4）阀体和法兰缺陷。阀门失效、磨损，阀体、法兰材质不合要求，阀门公称压力、适用范围选择不对。

5）安全距离不足。压力管道与其他设施距离不合规范，压力管道与生活设施安全距离不足。

6）安全意识和安全知识缺乏。思想上对压力管道安全意识淡薄，对压力管道有关介质（如液化石油气）安全知识贫乏。

7）违章操作。无安全操作制度或有制度不严格执行。

8）腐蚀。压力管道超期服役造成腐蚀，未进行在用检验评定安全状况。

（2）压力管道事故的防范措施如下。

1）压力管道焊接缺陷造成破坏事故预防措施。

①制造、修理、安装、改造时，加强焊接管理，完善焊接质量管理体系。

②施焊前应进行焊接工艺评定，按照评定合格的焊接工艺编制焊接作业指导书。

③施焊的焊工必须考试合格，持有相应项目的资格证。

④加强材料管理，避免采用有缺陷的材料或用错钢材、焊接材料。

⑤施焊中严格执行焊接工艺要求，并按规范要求进行热处理。

⑥严格按照要求进行无损检测。

⑦在压力管道运行过程中，加强管理，避免操作失误、超温、超压运行等。

⑧加强检验工作，及时发现缺陷并采取有效措施。

2）管系振动破坏事故预防措施。

①避免管道结构固有频率、管道内气柱固有频率与压缩机、机泵的激振频率相等而形成共振。机器的激振频率一般是不能改变的，只有设法改变结构固有频率或气柱固有频率。改变管道内气柱固有频率主要可以通过改变缓冲器容积、管道直径和长度，或增设缓冲器等方法实现。管道结构固有频率的改变，可以通过改变管道支座型式、数量、位置来实现，这种方法可以不改管道系统的基本结构，工作量要小些。但采取增加支座的方法时，要注意验证受热膨胀位移的补偿，不能减小振动振幅而过度加大管道应力而引起其他缺陷破坏。

②减轻气液两相流的激振力。提高管道隔热设计要求，缩短管道长度，适当降低管道内流体流速，使相变过程不过分激烈，减少液化的气体；设计选择适当的管道内流速，避免形成液体节流；采用较大弯曲半径的弯头，减小弯头两端的流体质量差值。

③加强支架刚度。两相流的不稳定性质，必然产生对管道的激振力。可以通

过提高管道支承刚度，提高管道的抗震能力。或者改变支架的设置，改变管道自振频率避开共振。

3）液击破坏事故预防措施。

①装置开停和生产调节过程中，尽量缓慢开闭阀门。

②缩短管道长度。

③在管道靠近液击源附近设安全阀、蓄能器等装置，释放或吸收液击的能量。

④采用具有防液击功能的阀门。

⑤采用自控保护装置。利用管道监控与数据采集系统，实现紧急顺序自动启停泵控制，或者采用调节阀超前骤发液击波来削弱和消除液击破坏。

4）疲劳破坏事故预防措施。

①选用合适的抗疲劳材料。压力管道的疲劳破坏多属于低周高应力破坏，而低周高应力疲劳取决于材料的塑性应变能力。低碳钢、碳锰钢具有较好的塑性应变能力，同时又具有抗低周高应力疲劳破坏的特性，高强钢则与之相反。

②管道系统设计时需做疲劳分析。

③考虑结构的抗疲劳性能。管系结构设计应尽可能消除和减少应力集中，如优化管道布置；合理采取固定措施；在振动较大的设备附近设置缓冲装置以吸收振动；对由温度产生的载荷和变形，采用补偿装置等补偿办法，补偿器能够吸收管道因安装或热胀冷缩产生的巨大应力。

④制造及安装时应注意的问题。严把材料质量关，杜绝冶金和轧制质量低劣、均匀度差、有缺陷的管件成为疲劳裂纹的根源；安装施工时保持管道表面完好，避免弧坑焊疤、碰撞、腐蚀等表面损伤；提高焊接质量，严格进行焊缝无损检测，防止裂纹、未焊透、未熔合等严重缺陷残留；保证焊缝表面质量，控制焊缝余高、角焊缝的过渡圆角、过渡半径，避免焊缝咬边、尖角等。

⑤加强定期检验。按期进行定期检验，并在定期检验中注意应力集中部位的检查和探伤，及时发现消除缺陷。

5）蠕变破坏事故预防措施。

①根据使用温度选用合适的材料，并按材料的使用温度和相应寿命蠕变极限

选取许用应力。

②合理设计管系布置和结构。蠕变破坏部位常位于弯头、三通焊缝等高拉伸应力区域和承受弯曲应力、支撑不良、布置不合理的管道端部。

③严格控制焊接工艺和热处理。焊接产生的缺陷，焊接热处理影响区域组织和性能的变化，冷弯等加工变形对组织和性能的影响等，都会导致蠕变性能下降。

④严格执行操作规程，杜绝超温超压运行，并加强检查，避免因局部过热而导致蠕变破坏。

⑤加强定期检验。按期进行定期检验，并在定期检验中重点检查管道变化情况，进行必要的化学分析、金相分析，必要时应在管路中设置可拆卸管段以供检验分析取样和破坏性检验。

8. 压力管道日常管理内容有哪些?

（1）使用单位应当贯彻执行本规则和有关压力管道安全的法律、法规、国家安全技术规范和国家现行标准。配备满足压力管道安全所需求的资源条件，建立健全压力管道安全管理体系，在管理层设有 1 名人员负责压力管道安全管理工作。派遣具备相应资格的人员从事压力管道的安全管理、操作和维修工作。

（2）压力管道安全管理人员和操作人员应当经安全技术培训和考核。

（3）使用单位应建立压力管道安全管理制度，并有效实施。

（4）使用单位应建立压力管道技术档案和压力管道标识管理办法。

（5）使用单位的压力管道安全管理人员和操作人员能够严格遵守有关安全法律、法规技术规程、标准和企业的安全生产制度。

（6）长输管道和公用管道使用单位必须制订公共安全教育计划并组织实施。

（7）输送可燃、易爆或者有毒介质压力管道的使用单位应具备：

1）事故应急预案；

2）巡线检查制度；

3）根据需要建立抢险队伍，并且定期演练。

（8）在管理制度中应当对下列事项作出明确规定：

1）在用压力管道需要进行一般修理、改造时，其修理、改造方案由使用单位技术负责人批准；

2）用压力管道需要进行重大修理、改造时，向负责使用登记部门的安全监察机构申报，并由经核准的监检机构进行监督检验；

3）使用有安全标记的压力管道元件；

4）按期进行定期检验。

9. 如何做好特种设备的维护保养工作?

对于化工企业常见的压力容器、压力管道、锅炉等特种设备，日常维护保养工作包括以下几方面。

（1）按照“一机一档”要求，建立特种设备台账，落实责任人和责任部门，做好日常管理工作。

（2）正确使用特种设备。要在特种设备日常运行过程中，严格遵守作业规程，不超温、超压、超液位运行。对需要持证上岗作业的特种设备，必须由取得特种设备操作资格证的人员操作。

（3）对于锅炉操作，应按照《锅炉安全技术规程》（TSG 11—2020）要求做好各项工作。

1）确保锅炉安全附件完好在用，定期对安全附件开展检验。

2）正常运行时，严格遵照安全规程操作，做到不缺水、不满水。

3）定期开展水质检测，保证水质质量，防止结垢，并根据水质情况安排排污。

4）在出现下列情况时，应立即停炉：

①锅炉水位低于水位表最低可见边缘时；

②不断加大给水及采取其他措施但是水位仍然继续下降时；

③锅炉满水，水位超过最高可见水位，经过放水仍然不能见到水位时；

④给水泵失效或者给水系统故障，不能保证锅炉给水时；

⑤水位表、安全阀或者装设在汽空间的压力表全部失效时；

⑥锅炉元（部）件受损坏，危及锅炉运行操作人员安全时；

⑦燃烧设备损坏，炉墙倒塌或锅炉构架被烧红等，严重威胁锅炉安全运行时；

⑧其他可能危及锅炉安全运行的异常情况时。

5）做好停炉期间的维护保养。

6）每年对锅炉进行1次外部检查，每2年对锅炉进行1次内部检查。

（4）对于压力容器，应按照《固定式压力容器安全技术监察规程》（TSG 21—2016）要求，对金属压力容器一般于投用后3年内进行首次定期检验。

思考题

1. 如何做好常规设备的巡检？如何防范特种设备事故？
2. 压力容器月度检查的内容有哪些？

第二节　电气仪表设施的使用及维护

一、电气、仪表基础知识

1. 常规仪表的管理应遵循哪些要求？

常规仪表的选型应遵循安全可靠、技术成熟、经济合理的原则，仪表设备施工单位必须具有相应的施工资质、施工能力，并具有健全的工程质量保证体系。

（1）选型。常规仪表的选型应遵循《石油化工自动化仪表选型设计规范》（SH/T 3005—2016）。在满足生产需要的前提下，应综合考虑仪表的安全可靠性、技术先进性、经济实用性，并考虑企业现状和发展规划，力求品种统一，有利于全厂或区域性的集中控制和集中管理。电涌保护器的设计应遵循《石油化工仪表系统防雷设计规范》（SH/T 3164—2021）的规定。

（2）防爆型仪表的管理。根据使用场所爆炸危险区域的划分，选择满足防爆等级的仪表。防爆型仪表的安装、配线及电缆应按安装场所爆炸性气体混合物的类别、级别、组别确定安装、敷设方式。防爆型仪表及其辅助设备、接线盒等均应有防爆合格证，其构成的系统应符合整体防爆的设计要求。防爆型仪表检修时不得随意更改零部件的结构、材质。在爆炸危险区域对原有的防爆型仪表进行更新、改造或新增时，必须满足原有的防爆要求，不得降低防爆等级。

（3）放射性仪表的管理。放射性仪表现场 10 m 之内要有明显的警示标志，维护人员应接受政府主管部门的专门培训并取得其颁发的放射工作人员证书后，才能进行仪表的维护、检修、校准工作，并配备必要的劳动防护用品和监测仪器。

（4）常规仪表的校准、检修。常规仪表的校准周期，原则上为所在装置大修周期。日常故障修复后必须校准，并做好校准记录。严禁使用超期未检或检定不合格的仪器，各种仪器应按有关计量法规要求进行周期检定。常规仪表设备校准后应进行回路试验及联校，参加联锁的仪表还应进行联锁回路的调试和确认。

常规仪表的检修，原则上随装置停工检修进行，在检修前，应根据实际情况制订检修计划，准备必要的备品配件、检修材料、工具和标准仪器，并编制切实可行的检修管理方案。应根据常规仪表设备的运行状况，组织预防性检修。常规仪表设备检修按相关规程要求进行，在每个检修周期内，应进行校准或检查确认。

（5）仪表设备工程项目的竣工验收应按设计要求及《自动化仪表工程施工及质量验收规范》（GB 50093—2013）、《石油化工仪表工程施工技术规程》（SH/T 3521—2013）、《石油化工建设工程项目交工技术文件规定》（SH/T 3503—2017）进行。工程项目竣工验收资料应齐全完整，主要包括工程竣工图（包括装置整套仪表自控设计图样及竣工图），设计修改文件和材料代用文件，隐蔽工程资料和记录，仪表安装及质量检查记录，电缆绝缘测试记录，接地电阻测试记录，仪表风管和导压管等扫线、试压、试漏记录，仪表设备和材料的产品质量合格证明，仪表校准和试验记录，回路试验和系统试验记录，报警、联锁系统调试记录，智能仪表、DCS、ESD（紧急停车系统）、SIS、PLC（可编程逻辑控制器）、CCS（协调控制系统）、SCADA（数据采集与监视控制系统）等组态记录工作单及相关软件版本记录及用户应用软件备份，仪表设备交接清单，仪表回路图，联锁接线图、逻辑图，仪表设备说明书，未完工程项目明细表。

2. 仪表控制系统管理应遵循哪些规定？

企业应建立健全仪表控制系统运行、维护、检修等各种规程和管理制度。仪表控制系统的选型、配置应遵循《石油化工分散控制系统设计规范》（SH/T 3092—2013）、《油气田及管道工程仪表控制系统设计规范》（GB/T 50892—2013）等的要求。系统运行负荷、通信能力应满足先进控制和管控一体化发展需要。

（1）仪表控制系统的运行管理。要做好仪表控制系统的运行管理，确保投用率和完好率。尤其是要加强对涉及“两重点一重大”生产、储存设施的监测监控仪表的运行管理。按照《关于加强化工过程安全管理的指导意见》（安监总管三〔2013〕88号）的要求，新（改、扩）建装置和大修装置的仪表自动化控制系统投用前、长期停用的仪表自动化控制系统再次启用前，必须进行检查确认。

（2）仪表控制系统的日常维护。主管单位应定时检查主机/控制器、外围设备硬件的完好或运行状况，环境条件、供电及接地系统应满足仪表控制系统正常运行要求，按规定周期做好设备的清洁工作。严禁在仪表控制系统上使用无关的软件，系统软件和应用软件必须有双备份，并异地妥善保管；仪表控制系统的密码或键锁开关的钥匙要由专人保管；仪表控制系统要设置分级管理，并执行规定范围内的操作内容；系统软件和主要应用软件修改应经使用单位主管部门批准后方可进行；软件备份要注明软件名称、修改日期、修改人，并将有关修改设计资料存档。DCS操作站的鼠标、键盘、显示器严禁私自更换，需更换时由仪表维护人员根据鼠标、键盘、显示器、打印机的型号及序列号进行更换。严禁将水杯、食物、手套、饭盒、工具等物品放置在控制系统操作台、自保操作台和辅助操作台上以及操作键盘上。

（3）仪表控制系统故障处理。仪表控制系统运行时出现异常或故障，维护人员应及时处理，并对故障现象、原因、处理方法及结果做好记录。对监控检测仪表投用率低、完好性差的现象要查找原因，及时排除故障。

（4）仪表控制系统检修管理。仪表控制系统的大修，原则上随装置停工大修同步进行。仪表控制系统的检修应按相关规程要求进行。严禁执行与仪表控制系统无关的操作，严禁外来计算机接入控制网络，仪表控制系统与信息管理系统间如需连接，应采取隔离措施，以防范外来计算机病毒侵害。电视监控系统、工业无线网络不应与控制移动存储设备一起接入仪表控制系统计算机，如需接入，应由专人负责，采用指定设备，严防病毒入侵。

（5）仪表控制系统变更管理。严禁随意更改工艺报警定值、控制方案或增加仪表回路，已投入使用的系统如需修改，必须通过主管部门审批，由仪表维护人员实施。控制系统的备品配件管理要有专门的账卡，保管、储存仪表控制系统备品配件的环境应符合要求。企业应制定仪表控制系统事故应急预案。仪表控制系统出现故障时，应按事故应急预案执行。在处理仪表控制系统重大故障时，按重大事项报告制度执行。

（6）仪表控制系统机房管理。仪表控制系统机房的环境必须满足仪表控制系统设计规定的要求，消防设施应配备齐全，有防小动物进入的措施。进入机房作业人员宜采取静电释放措施，消除人体所带的静电。在装置运行期间，仪表控制系统机房内应控制使用移动通信工具，并张贴警示标志。机房内严禁带入食品、液体、易燃易爆和有毒物品等，禁止堆放杂物，机柜上禁放任何物品。无关人员不得进入机房。不得在机房安装非仪表控制系统的机柜或设备。

3. 什么是 DCS 控制系统？DCS 的基本构成是什么？

DCS（Distributed Control System）控制系统是指集中分散控制系统（简称集散控制系统），也叫分布式控制系统，是集计算机技术、控制技术、通信技术和阴极射线管（CRT）技术为一体的综合性高技术产品。DCS 通过操作站对整个工艺过程进行集中监视、操作、管理，通过控制站对工艺过程各部分进行分散控制，既不同于常规的仪表控制系统，又不同于集中式的计算机控制系统，而是集中了两者的优点，克服了它们各自的不足。DCS 以其可靠性、灵活性、人机界面友好性及通信的方便性等特点日益被广泛应用。

DCS 概括起来可分为三大部分：集中管理部分、分散控制监视部分和通信部分。

集中管理部分又可分为操作站、工程师站和上位计算机。操作站是由微处理器、CRT、键盘、打印机等组成的人机系统，实现集中显示、集中操作和集中管理。工程师站主要用于组态和维护。上位计算机用于全系统的信息管理和优化控制。

分散控制监测部分按功能可分为现场控制站和现场监测站。现场控制站是由微处理器、存储器、I/O 输入输出板、A/D 和 D/A 转换器、内总线、电源和通信接口等组成，可以控制多个回路，具有较强的运算能力和各种控制算法功能，可自主地完成回路控制任务，实现分散控制。现场监测站（或称为数据采集装置）也是微计算机结构，主要是采集非控制变量以进行数据处理，并将某个采集的过程信息经高速数据公路送到上位计算机。

通信部分又叫高速数据通路，是实现分散控制和集中管理的关键。其连接 DCS 的操作站、工程师站、上位计算机、控制站和监测站等各个部分，完成数据、指令及其他信息的传递。

4. 安全仪表系统（SIS）的主要作用有哪些？

根据《关于加强化工安全仪表系统管理的指导意见》（安监总管三〔2014〕116 号）的规定，化工安全仪表系统（SIS）包括安全联锁系统、紧急停车系统和有毒有害、可燃气体及火灾检测保护系统等。安全仪表系统独立于过程控制系统（如分散控制系统等），生产正常时处于休眠或静止状态，一旦生产装置或设施出现可能导致安全事故的情况时，能够瞬间准确动作，使生产过程安全停止运行或自动导入预定的安全状态。

根据安全仪表功能失效产生的后果及风险，将安全仪表功能（SIF）划分为不同的安全完整性等级。不同等级安全仪表回路在设计、制造、安装调试和操作维护方面技术要求不同。

安全仪表系统的工作目的是对生产的安全性提供保障，提高企业经济效益，保证工作人员的人身安全。在工业控制领域中，安全仪表系统是工业控制中尤为重要的一部分，能够使企业很好地进行风险管理，并对潜在风险进行有效防范。

5. 安全仪表系统（SIS）组成单元及作用有哪些？

安全仪表系统（SIS）基本单元包括传感器单元、逻辑运算单元、最终执行单元。

（1）传感器单元。采用多台仪表或系统，将控制功能与安全联锁功能隔离。即遵守传感器分开独立配置原则，做到安全仪表系统与过程控制系统的实体分离。

（2）逻辑运算单元。由输入模块、控制模块、诊断回路、输出模块 4 部分组成。依据逻辑运算单元自动进行周期性故障诊断，基于自诊断测试的安全仪表系统，系统具有特殊的硬件设计，借助于安全性诊断测试技术保证安全性。逻辑运算单元可以实现在线诊断 SIS 的故障。

（3）最终执行单元。这是安全仪表系统中危险性最高的设备。由于安全仪表系统在正常工况时是静态的、被动的，系统输出不变，最终执行元件（切断阀、电磁阀）一直保持在原有的状态，很难确认最终执行元件是否有危险故障。在正常工况时，过程控制系统是动态的、主动的，控制阀门动作随控制信号的变化而变化，不会长期停留在某一位置。因此，要选择符合安全度等级要求的控制阀及配套的电磁阀为安全仪表系统的最终执行元件。例如，当安全等级为 3 级时，可采用 1 台控制阀和 1 台切断阀串联作为安全仪表系统的最终执行元件。

6. 可燃气体和有毒气体监测报警仪的设置原则是什么？

根据《石油化工可燃气体和有毒气体检测报警设计标准》（GB/T 50493—2019）的规定要求，可燃气体和有毒气体监测报警仪的设置原则有以下几方面。

（1）具有可燃气体释放源，且释放时空气中可燃气体的体积分数有可能达到 25% LEL 的场所，应设置相关的可燃气体监测报警仪。

（2）具有有毒气体释放源，且释放时空气中有毒气体浓度可达到最高容许值并有人员活动的场所，应设置有毒气体监测报警仪。

（3）可燃气体和有毒气体释放源同时存在的场所，应同时设置可燃气体和有毒气体监测报警仪。

(4) 单一气体既属于可燃又属于有毒气体释放源存在的场所，可只设置有毒气体监测报警仪。

(5) 可燃气体和有毒气体混合释放的场所，一旦释放，当空气中可燃气体体积分数可能达到25% LEL，而有毒气体不能达到最高容许浓度时，应设置可燃气体监测报警仪；一旦释放，当空气中有毒气体可能达到最高容许值，而可燃气体体积分数不能达到25% LEL时，应设置有毒气体监测报警仪。

(6) 设置气体检测器的场所，一般情况下，安装固定式可燃气体或有毒气体监测报警仪。但是，若没有相关固定式监测报警仪或无安装固定式监测报警仪的条件，或属于非长期固定的生产场所的，可使用便携式仪器监测，或者采样监测。

(7) 可燃气体和（或）有毒气体监测报警的数据采集系统，宜采用专用的数据采集单元或设备，不宜将可燃气体和（或）有毒气体监测器接入其他信号采集单元或设备内，避免混用。

7. 发生电气火灾和爆炸的条件是什么？

发生电气火灾和爆炸需要具备两个条件：一是有易燃易爆物质和环境，二是有引燃条件。

电气设备和电气系统在异常和事故情况下引起的电气着火源是引发火灾和爆炸的引燃条件之一，电气着火源可能由下列原因产生。

(1) 电气线路和电气设备过热。由于电气线路接触不良、电气线路和电气设备过载或短路、电气产品制造和检修质量不良、运行时铁芯损失过大、转动机械长期相互摩擦、电气设备散热条件恶化等原因都会使电气线路和电气设备整体或局部温度过高。上述原因产生的高温都会使易燃易爆物质温度升高，当易燃易爆物质达到其自燃温度时，便着火燃烧，引起电气火灾和爆炸。

(2) 电火花和电弧。电气线路和电气设备因绝缘损坏而发生短路（相间、接地）、电气线路和电气设备接头松脱、电气系统绝缘子闪络、电气系统过电压放电、运行中电机的电刷（发电机的电刷与滑环节、直流电机电刷与整流子间、交流绕线电机电刷与滑环间）、熔断器熔体熔断、断路器开合、继电器触头开闪、电焊等都会产生电火花和电弧，电火花和电弧可直接引燃易燃易爆物质或电弧，使金属熔化、飞溅，间接引燃易燃易爆物质。

（3）静电放电。当两个不同性质的物体相互摩擦时，这两个物体便带上极性相反的静电荷。处在静电场内的金属物体，会感应静电；施加电压后的绝缘体上会残留静电。带静电荷的导体或绝缘体当具有较高电位时，会使空气间隙击穿而产生火花放电，静电放电产生的电火花可能引燃可燃易燃物品或爆炸性气体混合物。

（4）照明器具和电热设备使用不当。照明器具和电热设备使用不当也会引起电气火灾和爆炸。

8. 电气设备防爆原理是什么？

不同类型的电气设备防爆原理是不同的，下面介绍 9 种电气设备的防爆原理。

（1）隔爆型电气设备。该电气设备防爆原理是将正常工作或事故状态下可能产生火花的部分放在一个或几个外壳中，这种外壳除了将其内部的火花、电弧与周围环境中的爆炸性气体隔开外，当进入壳内的爆炸性气体混合物被壳内的火花、电弧引爆时外壳不被炸坏，也不致使爆炸物通过连接缝隙引爆周围环境中的爆炸性气体混合物。

（2）增安型电气设备。该电气设备防爆原理是在正常运行条件下不会产生电弧、火花和危险温度的电气设备。

（3）本质安全型电气设备。该电气设备防爆原理是通过限制电路的电气参数（主要是指在规定的试验条件下，正常工作或规定的故障状态下产生的电火花和热效应均不能点燃规定的爆炸性混合物的电路）来限制放电能量实现电气防爆。

（4）正压型电气设备。该电气设备防爆原理是将电气设备置于外壳内，壳内充入保护性气体，并使壳内的保护气体压力高于周围爆炸性环境的压力，以阻止外部爆炸性混合物进入壳内实现电气设备的防爆。

（5）充油型电气设备。该电气设备防爆原理是将全部或部分部件浸在油内，使设备在故障状态下产生的电弧、火花不能点燃油面以上的或壳外的爆炸性混合物。

（6）充砂型电气设备。该电气设备防爆原理是在电气设备的外壳内填充石英砂，将设备的导电部件或带电部分埋在石英砂防爆材料之下，使之在规定的条件下，在壳内产生的电弧、传播的火焰、外壳壁或石英砂材料表面的温度都不能点燃周围爆炸性混合物。

（7）无火花型电器设备。该电气设备防爆原理是设备在正常运行条件下，不会产生有点燃作用的故障出现。

（8）浇封型电气设备。该电气设备防爆原理是将电气设备有可能产生点燃爆炸性混合物的电弧、火花或能产生高温的部件浇封在浇封剂中，避免这些电气部件与爆炸性混合物接触，从而使电气设备在正常运行或在认可的故障和过载情况下均不能点燃周围的爆炸性混合物。

（9）气密型电气设备。该电气设备防爆原理是电气设备或电气部件置于气密的外壳内，这种外壳能防止外部可燃气体进入壳内。

9. 电气防火防爆技术措施有哪些?

（1）消除或减少爆炸性混合物。

1）采取封闭式作业，防止爆炸性混合物泄漏。

2）清理现场积尘、防止爆炸性混合物积累。

3）设计正压室，防止爆炸性混合物进入。

4）在危险空间充填惰性气体或不活泼气体，防止形成爆炸性混合物。

（2）隔离和保持安全间距。

1）危险性大的设备应分室安装，并在隔墙上采取封堵措施。

2）电动机隔墙传动、照明灯隔玻璃窗照明。

3）10 kV 及 10 kV 以下的变、配电室不得设在爆炸危险环境的正上方或正下方。

4）室内充油设备油量 60 kg 以下者允许安装在两侧有隔板的间隔内；油量在 60~600 kg 者必须安装在有防爆隔墙的间隔内；油量 600 kg 以上者必须安装在单独的防爆间隔内。

5）变、配电室与爆炸危险环境或火灾危险环境毗连时，门、窗应开向无爆炸或火灾危险的场所。

6）电气装置，特别是高压、充油的电气装置应与爆炸危险区域保持安全距离。变、配电站不应设在容易沉积可燃粉尘或可燃纤维的地方。

（3）消除引燃源。

1）按照爆炸危险环境的特征和危险物的级别选用电气设备和设计电气线路。

2）温升和温度不超过允许范围，同时绝缘良好、连接和接触良好、整体完好无损、清洁、标志清晰等。

3）在爆炸危险环境应尽量少用携带式设备和移动式设备。

（4）爆炸危险环境接地。

1）在爆炸危险环境应将保护零线与工作零线分开。

2）保护导线的最小截面，铜导体最小截面积不得小于 4 mm^2，钢导体最小截面积不得小于 6 mm^2。

3）如低压由不接地系统配电，应采用 IT 系统，并装有一相接地时或严重漏电时能自动切断电源的保护装置或能发出声、光双重信号的报警装置。

二、电气仪表设施的使用及维护要点

1. 电气设施的使用维护要点有哪些?

电气设施是保障生产装置正常运行的动力来源。作为化工从业人员，应在以下方面做好电气设施的使用维护工作：

（1）遵守安全用电要求，保持电气设施在安全环境下运行。

（2）配合电气人员做好电气设施的运行维护，做到电气设施不超温、不超负荷运行。

（3）维护电气设施的完好性，不乱拉乱扯电缆，保持电缆引入端密封完好。

（4）清除妨碍电气设备安全运行的杂物和易燃物，保持其外壳和环境的清洁。

（5）当发现电机固定螺栓松动时及时予以紧固。

（6）保持良好的接地，发现接地线断裂时及时通知专业人员修复。

2. 仪表设施的使用维护要点有哪些？

仪表设施是监视生产装置运行的“眼睛”。作为化工从业人员，应在以下方面做好仪表设施的使用维护工作：

（1）做好现场仪表及温度、压力、液位、流量等远程信号测量元件的维护保养，保持仪表设施在正常状态下运行。

（2）加强 DCS（集中分散控制系统）显示的运行工况和现场实际状况的对比，及时发现工况异常现象，判定仪表是否存在故障现象。

（3）保障紧急切断阀电力、仪表风的正常供应，检查供气阀门处于开启状态，手轮处于自动状态。

（4）做好冬季现场测量仪表的防冻保温工作及测压、测液位管线的畅通，发现堵塞现象及时通知仪表人员疏通。

（5）检查现场调节阀阀位、执行器工作情况，发现阀门卡涩或阀位与 DCS（集中分散控制系统）显示不一致时，及时通知仪表人员处理。

（6）维护仪表设施的完好性，不乱拉乱扯信号电缆，保持电缆引入端密封完好、仪表风管线供气正常，对松动、漏气的管线及时通知仪表人员处理。

（7）保持良好的静电接地，发现接地线断裂时及时通知专业人员修复。

（8）检查现场有毒可燃气体检测器工作情况，发现断线、遮盖检测口、测量出现偏差、检测器损坏等问题及时通知仪表人员处理。

（9）检查视频监控系统运行情况，发现异常及时通知相关人员处理。

思考题

1. 如何做好电气设施的安全使用？

2. 如何维护好安全仪表系统的正常运行？

3. 班组在检查过程中对可燃气体和有毒气体监测报警仪检查内容有哪些？

第三节　工艺报警的管理

1. 工艺报警的作用有哪些?

工艺报警是指用声响、可视等手段，将影响生产运行的设备故障、过程偏差、异常情况显示给操作人员，提示操作人员及时响应。

生产过程出现报警，说明工况出现了偏离的趋势，如果不及时处理，偏离趋势将继续发展，有造成过程失控的风险。因此操作人员应高度重视工艺报警现象并及时予以响应，纠正偏离，消除趋势，避免事故发生。

根据保护层的洋葱模型理论，单纯的工艺报警不能有效防止事故的发生，只有在采取了人工干预措施，对报警进行及时处理后，才能形成一个完整的保护层，使风险不能进一步演化。

2. 工艺报警的管理要求主要有哪些?

参照《化工企业工艺报警管理实施指南》（T/CCSAS 012—2022）的要求，企业应围绕以下 6 方面做好工艺报警管理工作。

（1）企业应建立报警管理制度，明确工艺报警的全生命周期管理要求、管理部门和职责，规范工艺报警管理。制度至少包含以下内容：

1）报警管理的范围；

2）涉及的岗位及职责；

3）报警参数、报警优先级及报警提示的设置原则；

4）报警处置、记录和原因分析的要求；

5）报警系统日常运行、维护、考核的要求；

6）报警系统定期评估和审查的要求；

7）报警的变更管理审批要求；

8）报警管理的绩效指标。

（2）应在操作规程或其他书面材料中明确报警的响应要求和响应方式，并对员工进行培训。

（3）在发生报警时，由操作人员按照报警情况以及应对措施立刻采取行动，进行确认和响应，阻止或延缓恶性事件发生。

（4）操作人员发现报警范围不能适应生产需要时，应及时汇报，不得随意更改报警值。

（5）报警处理完毕后，企业应对报警处置过程进行记录，并对报警原因进行分析，对当班未解决的报警事件进行专门记录和交班。

（6）管理人员应每天核查关于报警的记录信息，查看 DCS 系统等系统中相应的工艺报警记录，并组织开展后续原因分析工作，以便制定针对性的措施。

3. 如何对工艺报警实行分级管理?

为解决工艺报警数量过多，导致操作人员无法及时有效处理，造成关键报警未及时处置而引发事故，应对工艺报警实行分级管理。

根据《化工企业工艺报警管理实施指南》（T/CCSAS 012—2022）的要求，工艺报警的全生命周期包括报警策略、报警识别、报警审定、报警设置、实施、运行、维护、监控与评价、变更管理、审查等一系列管理活动，报警的全生命周期管理如图 4-1 所示。

报警策略是企业设定和管理报警全生命周期各个阶段所体现的基本理念，是建立报警管理制度要遵循的核心原则。企业应根据报警管理策略，确定现有或具有潜在需求的报警是否需要设置工艺报警。报警审定过程应至少包含以下内容信息，以便进行报警设置：

（1）报警类型；

（2）优先级排序；

（3）报警设定值或逻辑条件；

（4）操作人员响应方式；

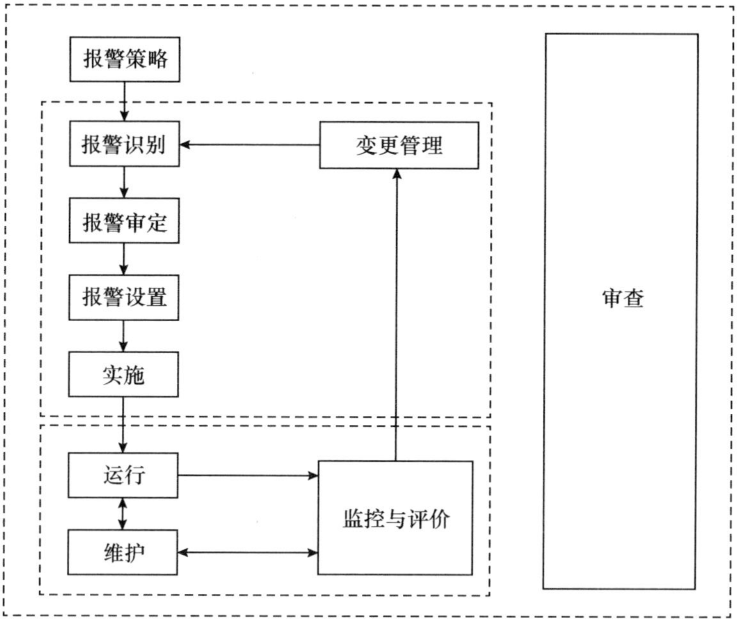

图 4-1　报警的全生命周期管理

（5）未及时响应或响应方式不正确的后果。

根据报警后果的严重性和允许的响应时间，确认报警等级和优先级别。多个报警同时发生时，应根据设定的报警和响应优先级别进行处理。

工艺报警优先级别见表 4-1。

表 4-1　工艺报警优先级别表

允许响应时间	后果严重性			
	临界	大	中	小
立即行动（不足 5 min）	一级报警（紧急报警）	一级报警（紧急报警）	二级报警（重要报警）	三级报警（一般报警）
迅速（5~15 min）	二级报警（重要报警）	二级报警（重要报警）	三级报警（一般报警）	三级报警（一般报警）
尽快（15 min 以上）	二级报警（重要报警）	三级报警（一般报警）	三级报警（一般报警）	三级报警（一般报警）

思考题

1. 如何做好工艺报警管理工作？
2. 如何做好报警的应急响应？

第五章

职业危害因素及防护

第一节　职业危害因素及防护知识

一、职业危害因素的识别

1. 化工生产过程中主要存在哪些职业危害因素？

（1）《职业病危害因素分类目录》将职业病危害因素分为 6 大类，即粉尘、化学因素、物理因素、放射性因素、生物因素和其他因素。

（2）按来源分，生产过程中产生的危害因素包括以下 3 类。

1）化学因素，包括生产性粉尘和化学有毒物质。生产性粉尘如矽尘、煤尘、电焊烟尘等；化学有毒物质如铅、汞、锰、苯、一氧化碳、硫化氢、甲醛、甲醇等。

2）物理因素，如异常气象条件（高温、高湿、低温）、异常气压、噪声、振动、辐射等。

3）生物因素，包括生产原料和作业环境中存在的致病微生物或寄生虫。

生产性毒物在生产过程中，可在原料、辅料、产品、副产品、废气、废渣中存在，在装置排污、污水处理和设备堵漏等作业中，接触毒物的机会较多；在检维修作业前对设备进行吹扫置换时，会释放出有害气体；在生产过程中，事故可能造成大量毒物泄漏，也增加人员接触毒物的机会。

2. 毒物对人体的危害有哪些?

毒物侵入人体被吸收后，通过血液循环分布到全身各组织或器官。由于毒物本身理化特性及各组织的生化、生理特点，会破坏人的正常生理机能，导致中毒。中毒分为急性中毒和慢性中毒。

急性中毒是指在短时间内大量毒物迅速作用于人体后发生的病变，包括对呼吸系统、神经系统、血液系统、泌尿系统、循环系统、消化系统等的危害。

慢性中毒是指由于受少量毒物的作用而引起的不同程度的中毒现象。人体接触毒物后，数月或数年后才逐渐出现临床症状，其危害也根据毒物的性能表现于人体的各系统。

皮肤接触毒物后，会造成皮炎和湿疹、痤疮和毛囊炎、溃疡、脓疱疹、皮肤干燥、皲裂、色素变化、药物性皮炎、皮肤瘙痒、皮肤附属器官及口腔黏膜的病变等症状；化学物质的气体、烟尘或粉尘接触眼部或化学物质的碎屑、液体飞溅到眼部，可能发生色素沉着、过敏反应、刺激炎症或腐蚀灼伤。某些化学物质还具有致癌作用。

工业粉尘对人体存在一定危害。长期吸入一定量粉尘，会引起各种尘肺，如吸入煤尘会引起煤尘肺；吸入植物性粉尘会引起植物性尘肺；吸入游离的二氧化硅、硅酸盐等粉尘，可引起肺脏弥漫性、纤维性病变的产生。

二、职业危害防护

1. 对于有毒作业场所，国家规定需要采取的管理要求有哪些?

根据《使用有毒物品作业场所劳动保护条例》的要求，对于有毒作业场所，需要采取的管理要求有以下 3 方面。

（1）用人单位使用有毒物品作业场所，除应当符合职业病防治法规定的职业卫生要求外，还必须符合下列要求：

1）作业场所与生活场所分开，作业场所不得住人。

2）有害作业与无害作业分开，高毒作业场所与其他作业场所隔离。

3）设置有效的通风装置；可能突然泄漏大量有毒物品或者易造成急性中毒的作业场所，设置自动报警装置和事故通风设施。

4）高毒作业场所设置应急撤离通道和必要的泄险区。

（2）使用有毒物品作业场所应当设置黄色区域警示线、警示标识和中文警示说明。警示说明应当载明产生职业中毒危害的种类、后果、预防以及应急救治措施等内容。高毒作业场所应当设置红色区域警示线、警示标识和中文警示说明，并设置通信报警设备。

（3）用人单位应当确保职业中毒危害防护设备、应急救援设施、通信报警装置处于正常适用状态，不得擅自拆除或者停止运行。用人单位应当对所列设施进行经常性的维护、检修，定期检测其性能和效果，确保其处于良好运行状态。职业中毒危害防护设备、应急救援设施和通信报警装置处于不正常状态时，用人单位应当立即停止使用有毒物品作业；恢复正常状态后，方可重新作业。

2. 如何通过提高本质安全水平，来降低或减少职业危害因素对人体的危害程度？

本质安全是化工安全生产的永恒目标。本质安全的基本原则包括最小化原则、替代原则、缓和原则和简化原则。围绕本质安全的基本原则，降低或减少职业危害因素对人体的危害程度，应从以下几方面入手：

（1）根据最小化原则，减少系统中有毒有害物质数量或减少环境中有毒有害物质的逸出量，如减少储量、加强设备密封和做好密闭排放等。

（2）根据替代化原则，用低毒物质代替高毒物质，用无毒物质代替有毒物质。

（3）根据缓和化原则，改善工艺条件，由剧烈反应改为缓和反应，减少物料逸出，如采用催化剂改善反应条件等。

（4）根据简化原则，改进工艺，缩短流程。

此外，还可以采取加强通风、做好隔离和人员防护等措施降低或减少职业危害因素对人体的危害程度。

3. 国家法律法规在职业病危害防治方面有哪些要求？

（1）《中华人民共和国宪法》规定，国家通过各种途径，创造劳动就业条件，加强劳动保护，改善劳动条件，并在发展生产的基础上，提高劳动报酬和福利待遇。

这是对我国职业安全卫生工作的总体要求。

（2）《中华人民共和国职业病防治法》规定，劳动者依法享有职业卫生保护的权利。用人单位应当为劳动者创造符合国家职业卫生标准和卫生要求的工作环境和条件，并采取措施保障劳动者获得职业卫生保护。用人单位应当建立、健全职业病防治责任制，加强对职业病防治的管理，提高职业病防治水平。用人单位必须依法参加工伤保险。

（3）《中华人民共和国劳动法》规定，用人单位必须建立、健全劳动安全卫生制度，严格执行国家劳动安全卫生规程和标准，对劳动者进行劳动安全卫生教育，防止劳动过程中的事故，减少职业危害。新建、改建、扩建工程的劳动安全卫生设施必须与主体工程同时设计、同时施工、同时投入生产和使用。用人单位必须为劳动者提供符合国家规定的劳动安全卫生条件和必要的劳动防护用品，对从事有职业危害作业的劳动者应当定期进行健康检查。

（4）《中华人民共和国尘肺病防治条例》规定，凡有粉尘作业的企业、事业单位应采取综合防尘措施和无尘或低尘的新技术、新工艺、新设备，使作业场所的粉尘浓度不超过国家卫生标准。

思考题

1. 结合自身企业、操作岗位生产特点，辨识出存在的职业危害因素。
2. 对于存在的职业危害因素，应采取哪些防护措施？

第二节　个体防护装备的选用及维护

一、个体防护装备的选用

1. 个体防护装备如何进行分类?

个体防护是在生产条件无法消除各种危险和职业病危害因素的情况下，为保障从业人员的安全与健康所设置的最后一道防线。

个体防护用品按照用途分类，分为防坠落用品（如安全带、安全网）、防冲击用品（如安全帽）、防触电用品（如绝缘服、绝缘鞋）、防机械外伤用品（如防护服、手套）、防酸碱用品（如耐酸碱手套、靴）、耐油用品（如耐油工作服）、防水用品（如雨衣、雨靴）、防寒用品（如防寒服、鞋、帽）等。

个体防护用品按照人体防护部位分类，分为头部防护用品（如防护帽、安全帽）、呼吸器官防护用品（如防尘口罩、防毒口罩）、眼面部防护用品（如面罩、护目镜）、听觉器官防护用品（如耳塞、耳罩）、手部防护用品（如各类手套）、足部防护用品（如防尘鞋、防寒鞋、电绝缘鞋）、躯干防护用品（如防水服、防寒服、阻燃服）、护肤用品和防坠落用品（如安全网、安全带）等。

2. 法律法规、标准规范对岗位配备个体防护装备管理方面是如何规定的?

（1）《中华人民共和国职业病防治法》规定，用人单位必须采用有效的职业病防护设施，并为劳动者提供个人使用的职业病防护用品。用人单位为劳动者个人提供的职业病防护用品必须符合防治职业病的要求；不符合要求的，不得使用。

（2）《个体防护装备配备规范　第1部分：总则》（GB 39800.1—2020）规定了个体防护装备的配备原则。

1）用人单位为作业人员配备的个体防护装备应与作业场所的环境状况、作业状况、存在的危害因素和危害程度相适应，应与作业人员相适合，且个体防护装备不应导致其他额外的风险。

2）用人单位应对其使用的劳务派遣工、临时聘用人员、接纳的实习生和允许进入作业地点的其他外来人员进行个体防护装备的配备及管理。

3）在作业过程中发现其他危害因素，现有个体防护装备不能满足作业安全要求，需要另外配备时，应立即停止相关作业，配备相应的个体防护用品后，方可继续作业。

3. 如何配备个体防护装备?

《个体防护装备配备规范　第2部分：石油、化工、天然气》（GB 39800.2—2020）规定了化工企业个体防护装备的配备要求。

（1）对于涉及易燃易爆场所的作业，应配备安全帽、防静电工作帽、自给开路式压缩空气呼吸器、自吸过滤式防毒面具、自吸过滤式防颗粒物呼吸器、职业眼面部防护具、安全鞋、防静电工作服、化学防护服、阻燃服、防化学品手套、防静电手套。

（2）对于涉及吸入性气相毒物的作业，应配备长管呼吸器、动力送风过滤式呼吸器、自给闭路式压缩氧气呼吸器、自给闭路式氧气逃生呼吸器、自给开路式压缩空气呼吸器、自吸过滤式防毒面具、自给开路式压缩空气逃生呼吸器、职业眼面部防护具、防化学品手套、化学防护服。

（3）对于涉及吸入性粉尘的作业，应配备动力送风过滤式呼吸器、自吸过滤式防颗粒物呼吸器、职业眼面部防护具。

（4）对于涉及腐蚀性的作业，应配备职业眼面部防护具、防化学品手套、防化学品鞋、化学防护服。

二、个体防护装备的维护管理

1. 企业应如何做好个体防护装备的发放管理工作？

根据《个体防护装备配备规范　第 1 部分：总则》（GB 39800. 1—2020）的规定，用人单位应从以下几方面做好个体防护装备的管理工作。

（1）建立健全个体防护装备管理制度，至少包括采购、验收、保管、选择、发放、使用、报废、培训等内容。

（2）明确责任部门和责任人，建立健全个体防护装备管理档案。

（3）出现以下情况之一，用人单位应给予判废和更换新品：

1）个体防护装备经检验或检查被判定为不合格；

2）个体防护装备超过有效期；

3）个体防护装备功能已失效；

4）个体防护装备的使用说明书中规定的其他判废或更换条件。

2. 企业应如何做好个体防护装备使用管理工作？

根据《个体防护装备配备规范　第 1 部分：总则》（GB 39800. 1—2020）的规定，用人单位应对发放的个体防护装备的使用方式进行培训，确保作业人员正确使用。

（1）用人单位应制订培训计划和考核办法，并建立和保留培训和考核记录。

（2）用人单位应按计划定期对作业人员进行培训，包括个体防护装备的选择、防护效果、使用方法及维护、保养方法、检查方法等。

（3）当有新员工入职、员工转岗、个体防护装备配备发生变化、法律法规及标准发生变化时，需要及时进行针对性培训。

（4）在使用个体防护装备前，作业人员应对个体防护装备进行检查（如外观检查、适合性检查等），确保个体防护装备能够正常使用。

（5）用人单位应按照产品使用说明书和有关内容和要求，指导并监督个体防护装备使用人员对在用的个体防护装备进行正确的日常维护和使用前的检查，对必须由专人负责的，应指定受过培训的合格人员负责日常检查和维护。

思考题

1. 企业应如何选用个体防护装备？
2. 企业应如何做好个体防护装备的使用和维护管理？

第六章 生产安全事故与应急处置

第一节　生产安全事故的报告要求

1. 如何上报生产安全事故?

生产安全事故信息的及时、准确上报是生产安全事故管理工作的基础。化工企业生产安全事故的报告要简明扼要，讲明时间、地点、事故的简要情况，特别是要尽量讲清涉及危险化学品的情况。

（1）生产安全事故报告。生产安全事故报告分为企业向政府有关部门报告和企业内部报告两种情况。

1）企业向政府有关部门报告事故。生产安全事故规模达到一定程度必须报告当地人民政府有关部门。《生产安全事故报告和调查处理条例》第九条规定，事故发生后，事故现场有关人员应当立即向本单位负责人报告；单位负责人接到报告后，应当于 1 h 内向事故发生地县级以上人民政府安全生产监督管理部门和负有安全生产监督管理职责的有关部门报告。情况紧急时，事故现场有关人员可以直接向事故发生地县级以上人民政府安全生产监督管理部门和负有安全生产监督管理职责的有关部门报告。

《生产安全事故报告和调查处理条例》规定，一般事故是指造成 3 人以下死亡，或者 10 人以下重伤，或者 1 000 万元以下直接经济损失的事故。这个规定并没有给出一般事故下限指标，这对于企业一般事故伤亡或间接损失达到多少，就必须报告当地政府有关部门没有给出明确的要求。只是明确了未造成人员伤亡的一般事故，县级人民政府也可以委托事故发生单位组织事故调查组进行调查。

事故报告后出现新情况的，应当及时补报。自事故发生之日起 30 日内，事故造成的伤亡人数发生变化的，应当及时补报。道路交通事故、火灾事故自发生之日起 7 日内，事故造成的死亡人数发生变化的，应当及时补报。

2）企业内部报告。企业发生没有达到上报地方政府等级的一般事故，企业内部应该按照事故管理制度及时上报。企业发生一般事故时，为了第一时间组织应急处置，通常首先报告企业消防、生产调度和安全生产管理部门，同时根据事故涉及的专业，报告相应的管理部门。

（2）安全事件信息报告。加强事件的报告管理，有助于分析和研究生产经营活动中事故发生的原因和规律，实现“强化事故事前控制，关口前移”。因此，事件报告要以激励为主，鼓励员工将发生在身边的不安全事件和采取的控制措施及时报告，分享经验教训，为改进管理提供支撑。

2. 生产安全事故报告的内容包括哪些?

根据《生产安全事故报告和调查处理条例》的规定，发生生产安全事故后，事故发生单位向事故发生地县级以上人民政府安全生产监督管理部门和负有安全生产监督管理职责的有关部门报告事故。事故一般应以书面形式报告，情况特别紧急时，可用电话口头初报，随后书面报告。报告内容包括以下几个方面：

（1）事故发生单位概况；

（2）事故发生的时间、地点以及事故现场情况；

（3）事故的简要经过；

（4）事故已经造成或者可能造成的伤亡人数（包括下落不明的人数）和初步估计的直接经济损失；

（5）已经采取的措施；

（6）其他应当报告的情况。

3. 什么是迟报、漏报、谎报、瞒报生产安全事故?

迟报是指超过《生产安全事故报告和调查处理条例》或者其他国家有关规定

的时限报告事故情况，包括故意拖延不报的。漏报是指因过失对应上报的事故或者事故发生的时间和地点、类别、伤亡人数、直接经济损失等内容遗漏未报。谎报是指故意不如实报告事故发生单位概况、事故发生的时间和地点、简要经过、现场情况、已经造成和可能造成的伤亡人数、事故类别、直接经济损失等有关内容。瞒报是指隐瞒已发生的事故，超过规定时限未向安全监管监察部门和有关部门报告，并经查证属实的。发生生产安全事故后，事故发生单位在限定时限内不主动向法定部门如实报告，在被有关部门发现并开展调查时才不得已告知事故真相的，仍属瞒报事故。

4. 谎报、瞒报生产安全事故的后果是什么?

《生产安全事故报告和调查处理条例》规定，事故发生单位及其有关人员有谎报或者瞒报事故的行为，对事故发生单位处 100 万元以上 500 万元以下的罚款；对主要负责人、直接负责的主管人员和其他直接责任人员处上一年年收入60%至 100%的罚款；属于国家工作人员的，并依法给予处分；构成违反治安管理行为的，由公安机关依法给予治安管理处罚；构成犯罪的，依法追究刑事责任。

《中华人民共和国刑法》第一百三十九条规定，在安全事故发生后，负有报告职责的人员不报或者谎报事故情况，贻误事故抢救，情节严重的，处三年以下有期徒刑或者拘役；情节特别严重的，处三年以上七年以下有期徒刑。

思考题

1. 报告生产安全事故时应重点关注哪些方面？
2. 发生生产安全事故后，事故现场班组长应如何做好事故上报工作？

第二节　事故现场应急处置及自救互救

一、事故现场应急救援

1. 发生生产安全事故后，生产经营单位应如何实施应急救援？

《生产安全事故应急条例》第十七条规定，发生生产安全事故后，生产经营单位应当立即启动生产安全事故应急救援预案，采取下列一项或者多项应急救援措施，并按照国家有关规定报告事故情况：

（1）迅速控制危险源，组织抢救遇险人员；

（2）根据事故危害程度，组织现场人员撤离或者采取可能的应急措施后撤离；

（3）及时通知可能受到事故影响的单位和人员；

（4）采取必要措施，防止事故危害扩大和次生、衍生灾害发生；

（5）根据需要请求邻近的应急救援队伍参加救援，并向参加救援的应急救援队伍提供相关技术资料、信息和处置方法；

（6）维护事故现场秩序，保护事故现场和相关证据；

（7）法律、法规规定的其他应急救援措施。

2. 事故应急救援的原则和任务是什么？

事故应急救援应贯彻的基本原则是：预防为主、统一协调、迅速有效。即在预防为主的情况下，实行统一指挥、分级负责、区域为主、单位自救和社会救援相结合。事故发生的突然性、发生后的迅速扩散性以及波及范围广的特点，决定了应急救援行动必须迅速、准确、有序和有效。因此，救援工作实行在企业主要负责人统一指挥下的分级负责制，以区域为主，根据事故的发展情况，采取单位自救与社会救援相结合的方式，能够充分发挥事故发生单位及所在地区的优势和作用。

事故应急救援的基本任务包括以下几方面。

（1）抢救受害人员。抢救受害人员是事故应急救援的重要任务。在救援行动中，及时、有序、科学地实施现场抢救和安全转送伤员，对挽救受害人的生命、稳定病情、减小伤残率以及减轻受害人的痛苦等具有重要的意义。

（2）控制危险源。及时有效地控制造成事故的危险源是事故应急救援的重要任务，只有控制了危险源，防止事故的进一步扩大和发展，才能及时有效地实施救援行动。

（3）指导群众防护，组织群众撤离。应及时指导和组织群众采取各种措施进行自身防护，并迅速撤离危险区域或可能发生危险的区域。在撤离过程中积极开展群众自救与互救工作。

（4）消除事故危害后果。对事故造成的人体、土壤、水源、空气等的现实的危害和可能的危害，迅速采取封闭、隔离、洗消等措施；对事故外逸的有毒有害物质和可能对人及环境继续造成危害的物质应及时组织人员进行清除；对危险化学品造成的危害进行监测与监控，并采取适当的措施直至符合国家环境保护标准。

（5）查清事故原因，评估危害程度。事故发生后应及时调查事故的发生原因和事故性质，估算出事故的危害波及范围和危险程度，查明人员伤亡情况，做好事故调查。

为了保证事故应急救援任务的完成，化工企业应建立本单位的救援组织机构，明确救援执行部门和专用电话，制定救援协作网，疏通纵横关系，以提高应急救援行动中协同作战的效能，便于做好事故自救。

二、危险化学品应急处置

1. 危险化学品火灾扑救注意事项有哪些？

（1）扑救液化气体类火灾，切忌盲目扑灭火势，在没有采取堵漏措施的情况下，必须保持稳定燃烧。否则，大量可燃气体泄漏出来与空气混合，遇着火源就会发生爆炸，后果将不堪设想。

（2）对于爆炸物品火灾，切忌用沙土盖压，以免增强爆炸物品爆炸时的威力；扑救爆炸物品堆垛火灾时，水流应采用吊射，避免强力水流直接冲击堆垛，以免堆垛倒塌引起再次爆炸。

（3）对于遇湿易燃物品火灾，绝对禁止用水、泡沫、酸碱等湿性灭火剂扑救。

（4）氧化剂和有机过氧化物的灭火比较复杂，应针对具体物质具体分析。

（5）扑救毒害品和腐蚀品的火灾时，应尽量使用低压水流或雾状水，避免腐蚀品、毒害品溅出；遇酸类或碱类腐蚀品，最好调制相应的中和剂稀释中和。

（6）易燃固体、自燃物品一般都可用水和泡沫扑救，只要控制住燃烧范围，逐步扑灭即可。但有少数易燃固体、自燃物品的扑救方法比较特殊。如2,4-二硝基苯甲醚、二硝基萘、萘等是易升华的易燃固体，受热放出易燃蒸气，能与空气形成爆炸性混合物，尤其在室内，易发生爆燃，在扑救过程中应不时向燃烧区域上空及周围喷射雾状水，并消除周围一切火源。

注意：发生化学品火灾时，灭火人员不应单独灭火，出口应始终保持清洁和畅通，要选择正确的灭火剂，灭火时还应考虑人员的安全。

化学品火灾的扑救应由专业消防队来进行，其他人员不可盲目行动，待消防队到达后，介绍物料性质，配合扑救。

应急处理过程并非按部就班地按以上顺序进行，而是据实际情况尽可能同时进行，如危险化学品泄漏，应在报警的同时尽可能切断泄漏源等。

2. 危险化学品泄漏事故的应急处置应遵循哪些原则？

危险化学品的泄漏，容易导致人员中毒或转化为火灾爆炸事故。因此，泄漏处理要及时、得当，避免险情恶化和重大事故的发生。要成功地控制化学品的泄漏，必须事先制订计划，并且对化学品的化学性质和反应特性有充分的了解。泄漏事故控制一般分为泄漏源控制和泄漏物处置两部分。

泄漏处理注意事项：进入现场人员必须配备必要的个人防护器具；如果泄漏

的化学品是易燃易爆的，应严禁火种，扑灭任何明火及任何其他形式的热源和火源，以降低发生火灾爆炸危险性；应急处理时严禁单独行动，要有监护人，必要时用水枪、水炮做掩护；应从上风、上坡处接近现场，严禁盲目进入。

控制泄漏源有以下 2 种方法。

（1）通过关闭阀门、停止作业或通过采取改变工艺流程、物料走副线、局部停车、打循环、减负荷运行等方法，控制现场已经泄漏的泄漏源和后续可能因事故导致泄漏的泄漏源。

（2）容器发生泄漏后，应采取措施修补和堵塞漏点，控制物料进一步泄漏。通过判断接近泄漏点的危险程度、泄漏点的孔径尺寸、泄漏装置的潜在压力、泄漏物质的特性，确定是否成功地进行泄漏化学品堵漏。

3. 如何处理泄漏残留物？

泄漏被控制后，要及时将现场泄漏物进行覆盖、收容、稀释、处理，使泄漏物得到安全可靠的处置，防止二次事故的发生。地面上泄漏物处置主要有以下几种方法。

（1）如果泄漏物为液体，泄漏到地面上时会四处流淌扩散，难以收集处理。为此需要筑堤堵截或者引流到安全地点。对于储罐区发生液体泄漏时，要及时关闭围堰雨水阀，防止物料外流。

为降低液体物料向大气中蒸发的速度，可用泡沫或其他覆盖物品覆盖外泄的物料，在其表面形成覆盖层，抑制其蒸发，或者采用低温冷却来降低泄漏物的蒸发。

（2）为减少大气污染，通常采用水枪或消防水带向有害物蒸气云喷射雾状水，加速气体向高空扩散，使其在安全地带扩散。在采用这一措施时，将产生大量的被污染水，因此应做好污水收集工作。对于可燃物，也可以在现场施放大量水蒸气或氮气，破坏燃烧条件。

（3）对于大量液体泄漏，可选择用隔膜泵将泄漏出的物料抽入容器内或槽车内：当泄漏量小时，可用沙子、吸附材料、中和材料等吸收中和，或者用固化法处理泄漏物。

（4）将收集的泄漏物运至废物处理场所处置，用消防水冲洗剩下的少量物料，冲洗水应排入污水系统处理。

4. 危险化学品火灾事故的一般处置程序是什么?

（1）易燃液体火灾的一般处置程序。易燃液体通常是储存在容器内或管道内输送的。与气体不同的是，液体容器有的密闭，有的敞开，一般都是常压，只有反应锅（炉、釜）及输送管道内的液体压力较高。

液体不管是否着火，如果发生泄漏或溢出，都将顺着地面（或水面）漂散流淌，而且易燃液体还有相对密度和水溶性等涉及能否用水或普通泡沫扑救的问题，以及危险性很大的沸溢和喷溅问题。因此，遇易燃液体火灾，一般应遵循以下6项原则。

1）应切断火势蔓延的途径，冷却和疏散受火势威胁的压力及密闭容器和可燃物，控制燃烧范围，并积极抢救受伤和被困人员。如有液体流淌，应筑堤（或用围油栏）拦截飘散流淌的易燃液体或挖沟导流。

2）了解和掌握着火液体的品名、相对密度、水溶性、毒性、腐蚀、沸溢、喷溅等危险性，以便采取相应的灭火和防护措施。

3）对较大的储罐或流淌火灾，应准确判断着火面积和液体性质，采取相应灭火措施。

小面积（一般50 m^2 以内）液体火灾，一般可用雾状水扑灭，用泡沫、干粉、二氧化碳、卤代烷灭火效果更好。

大面积液体火灾必须根据其相对密度、水溶性和燃烧面积，选择正确的灭火剂扑救。

比水轻又不溶于水的液体（如汽油、苯等），用直流水、雾状水灭火往往无效，可用普通蛋白泡沫或轻水泡沫灭火。用干粉等扑救时，灭火效果要视燃烧面积和燃烧条件而定，最好用水冷却罐壁。比水重又不溶于水的液体（如二硫化碳）、起火时可用水扑救，水能覆盖在液面上灭火，也可用泡沫灭火。用干粉等扑救时，灭火效果要视燃烧面积和燃烧条件而定，最好用水冷却罐壁。

具有水溶性的可燃液体（如醇类、酮类等），虽然从理论上讲能用水稀释扑救，但用此法要使液体闪点消失，水必须在溶液中占很大的比例。这不仅需要大量的水，也容易使液体溢出流淌，而普通泡沫又会受到水溶性液体的破坏（如果普通泡沫强度加大，可以减弱火势），因此，最好用抗溶性泡沫扑救。用干粉等扑救时，灭火效果要视燃烧面积和燃烧条件而定，也需用水冷却盛装可燃液体的罐壁。

4）扑救毒害性、腐蚀性或燃烧产物毒害性较强的易燃液体火灾，扑救人员必须佩戴防护面具，采取防护措施。

5）扑救原油和重油等具有沸溢和喷溅危险的液体火灾，如有条件，可采用切水、搅拌等防止发生沸溢和喷溅的措施，在灭火同时必须注意计算可能发生沸溢、喷溅的时间和观察是否有沸溢、喷溅的征兆。指挥员发现危险征兆时应迅速作出准确判断，及时下达撤退命令，避免造成扑救人员伤亡和装备损失。扑救人员看到或听到统一撤退信号后，应立即撤至安全地带。

6）遇易燃液体管道或储罐泄漏着火，在切断蔓延途径把火势限制在一定范围内的同时，对输送管道应设法找到并关闭进出阀门。如果管道阀门已损坏或是储罐泄漏，应迅速准备好堵漏材料，然后先用泡沫、干粉、二氧化碳或雾状水等扑灭地上的流淌火焰，为堵漏扫清障碍，再扑灭泄漏口的火焰，并迅速采取堵漏措施。与气体堵漏不同的是，液体一次堵漏失败，可连续堵几次，用泡沫覆盖地面，并堵住液体流淌和控制好周围的着火源。

（2）爆炸物品火灾的一般处置程序。爆炸物品一般都有专门或临时的储存仓库。这类物品由于内部结构含有爆炸性基团，受摩擦、撞击、震动、高温等外界因素激发，极易发生爆炸，遇明火则更危险。遇爆炸物品火灾，一般应采取以下基本对策。

1）迅速判断和查明再次发生爆炸的可能性和危险性，紧紧抓住爆炸之后和再次发生爆炸之前的有利时机，采取一切可能的措施，全力制止再次爆炸的发生。

2）切忌用沙土盖压，以免增强爆炸物品爆炸时的威力。

3）在保证疏散条件的前提下，确保人身安全的同时，应迅速组织力量及时疏散着火区域周围的爆炸物品，使着火区域周围形成一个隔离带。

4）扑救爆炸物品堆垛时，水流应采用吊射，避免强力水流直接冲击堆垛，以免堆垛倒塌引起再次爆炸。

5）灭火人员应尽量利用现场现成的掩蔽体或尽量采用卧姿等低姿射水，尽可能地采取自我保护措施。消防车辆不要停靠离爆炸物品太近的水源。

6）灭火人员发现有发生再次爆炸的危险时，应立即向现场指挥报告，同时应迅速撤至安全地带，来不及撤退时，应就地卧倒。

（3）遇湿易燃物品火灾的一般处置程序。遇湿易燃物品能与潮湿或水发生化学反应，产生可燃气体和热量，有时即使没有明火也能自动着火或爆炸，如金属钾、钠以及三乙基铝等。因此，这类物品起火时绝对禁止用水、泡沫、酸碱灭火器等湿性灭火剂扑救。这类物品的这一特殊性给其火灾扑救带来了很大的困难。通常情况下。遇湿易燃物品由于其发生火灾时的灭火措施特殊，在储存时要求分库或隔离分堆单独储存，但在实际操作中有时往往很难完全做到，尤其是在生产和运输过程中更加难以做到，如铝制品厂往往在各个角落积有铝粉。对遇湿易燃物品火灾，一般应采取以下基本对策。

1）应了解清楚遇湿易燃物品的品名、数量、是否与其他物品混存、燃烧范围、火势蔓延途径。

2）如果只有极少量（一般 50 g 以内）遇湿易燃物品，则不管是否与其他物品混存，仍可用大量的水或泡沫扑救。水或泡沫刚接触着火点时，短时间内可能会使火势增大，但少量遇湿易燃物品燃尽后，火势很快就会熄灭或减少。

3）如果遇湿易燃物品数量较多，且未与其他物品混存，则绝对禁止用水或泡沫酸碱等湿性灭火剂扑救。遇湿易燃物品应用干粉、二氧化碳扑救，需要注意金属钾、钠、铝、镁等个别物品用二氧化碳无效。固体遇湿易燃物品应用水泥、干沙、干粉、硅藻土和蛭石等覆盖。水泥是扑救固体遇湿易燃物品火灾比较容易得到的灭火剂。对遇湿易燃物品中的粉尘如镁粉、铝粉等，切忌喷射有压力的灭火剂，以防止将粉尘吹扬起来，与空气形成爆炸性混合物而导致爆炸发生。

4）如果有较多的遇湿易燃物品与其他物品混存，则应先查明是哪类物品着火，遇湿易燃物品的包装是否损坏。可先开关水枪向着火点吊射少量的水进行试探，如未见火势明显增大，证明遇湿物品尚未着火，包装也未损坏，应立即用大量水或泡沫扑救，扑灭火势后立即组织力量将淋过水或仍在潮湿区域的遇湿易燃物品疏散到安全地带分散开来。如射水试探后火势明显增大，则证明遇湿易燃物品已经着火或包装已经损坏，应禁止用水、泡沫、酸碱灭火器扑救。若是液体应用干粉等灭火剂扑救，若是固体应用水泥、干沙等覆盖，如遇钾、钠、铝、镁轻金属发生火灾最好用石墨粉、氯化钠以及专用的轻金属灭火剂扑救。

5）如果其他物品火灾威胁到相邻的较多遇湿易燃物品，应先用油布或塑料膜等其他防水布将遇湿易燃物品遮盖好，然后再在上面盖上棉被并淋上水。如果遇湿易燃物品堆放处地势不太高，可在其周围用土筑一道防水堤。在用水或泡沫扑救火灾时，对相邻的遇湿易燃物品应留一定的力量监护。

由于遇湿易燃物品性能特殊，又不能用常用的水和泡沫灭火剂扑救，从事这类物品生产、经营、储存、运输、使用的从业人员应接受必要的培训以掌握相关应急处置技能。

（4）毒害品、腐蚀品火灾的一般处置程序。毒害品、腐蚀品对人体都有一定危害，毒害品主要经口、鼻吸入蒸气或通过皮肤接触引起人体中毒，腐蚀品通过皮肤接触使人体形成化学灼伤。毒害品、腐蚀品有些本身可燃，有些本身并不燃，但与其他可燃物品接触后能着火。遇毒害品、腐蚀品火灾，一般应采取以下基本措施。

1）灭火人员必须穿防护服，佩戴防护面具。一般情况下采取全身防护即可，对有特殊要求的物品火灾，应使用专用防护服。考虑到过滤式防毒面具防毒范围的局限性，在扑救毒害品火灾时应尽量使用隔绝式氧气或空气面具。

2）积极抢救受伤和被困人员，限制燃烧范围。毒害品、腐蚀品火灾极易造成人员伤亡，灭火人员在采取防护措施后，应立即投入寻找和抢救受伤、被困人员的工作，并努力限制燃烧范围。

3）扑救时应尽量使用低压水流或雾状水，避免腐蚀品、毒害品溅出。遇酸类或碱类腐蚀品最好调制相应的中和剂稀释中和。

4）遇毒害品、腐蚀品容器泄漏，在扑灭火势后应采取堵漏措施。腐蚀品需用防腐材料堵漏。

5）浓硫酸遇水能放出大量的热，会导致沸腾飞溅，需特别注意防护。扑救浓硫酸与其他可燃物品接触发生的火灾，浓硫酸数量不多时，可用大量低压水快速扑救；如果浓硫酸数量很大，应先用一氧化碳、干粉等灭火，然后再把着火物品与浓硫酸分开。

（5）易燃固体、自燃物品火灾的一般处置程序。易燃固体、自燃物品一般都可用水或泡沫扑救，相对其他种类的化学危险物品而言是比较容易扑救的，只要控制住燃烧范围，逐步扑灭即可。但也有少数易燃固体、自燃物品的扑救方法比较特殊，如2,4-二硝基苯甲醚、二硝基萘、萘、黄磷等。

1）2,4-二硝基苯甲醚、二硝基萘、萘等是能升华的易燃固体，受热发出易燃蒸气。火灾时可用雾状水、泡沫扑救并切断火势蔓延途径。但应注意，不能以为明火焰扑灭即已完成灭火工作。因为受热以后升华的易燃蒸气能在不知不觉中飘逸，在上层与空气能形成爆炸性混合物，尤其是在室内，易发生爆燃。因此，扑救这类物品火灾千万不能被明火焰扑灭的假象所迷惑。在扑救过程中应不时向燃烧区域上空及周围喷射雾状水，并用水浇灭燃烧区域及其周围的一切火源。

2）黄磷是自燃点很低、在空气中能很快氧化升温并自燃的自燃物品。遇黄磷火灾时，首先应切断火势蔓延途径，控制燃烧范围。对着火的黄磷应用低压水或雾状水扑救。高压直流水冲击能引起黄磷飞溅，导致灾害扩大。黄磷熔融液体流淌时应用泥土、沙袋等筑堤拦截并用雾状水冷却，对磷块和冷却后已固化的黄磷，应用钳子钳入储水容器中。来不及钳时可先用沙土掩盖，但应做好标记，等火势扑灭后，再逐步集中到储水容器中。

3）少数易燃固体、自燃物品不能用水和泡沫扑救，如三硫化二磷、铝粉、烷基铝、保险粉等。应根据具体情况区别处理，宜选用干砂和不用压力喷射的干粉扑救。

（6）压缩或液化气体火灾的一般处置程序。压缩或液化气体一般被储存在不同的容器内，或通过管道输送。其中，储存在较小钢瓶内的气体压力较高，受热或受火焰炙烤容易发生爆裂。气体泄漏后遇火源已形成稳定燃烧时，其发生爆炸或再次爆炸的危险性与可燃气体泄漏未燃时相比要小得多。遇压缩或液化气体火灾，一般应采取以下基本对策。

1）扑救气体火灾时切忌盲目扑灭火势，在没有采取堵漏措施的情况下，必须保持稳定燃烧。否则，大量可燃气体泄漏出来与空气混合，遇到火源就会发生爆炸，后果将不堪设想。

2）首先应扑灭外围被火源引燃的可燃物火势，切断火势蔓延途径，控制燃烧范围，并积极抢救受伤和被困人员。

3）如果火势中有受到火焰辐射热威胁的压力容器，能疏散的应尽量在水枪的掩护下疏散到安全地带，不能疏散的应部署足够的水枪进行冷却保护。为防止容器爆裂伤人，进行冷却的人员应尽量采用低姿射水或利用现场坚实的掩蔽体防护。对卧式储罐，冷却人员应选择储罐四侧角作为射水阵地。

4）如果是输气管道泄漏着火，应设法找到气源阀门。阀门完好时，只要关闭气体的进出阀门，火势就会自动熄灭。

5）储罐或管道泄漏关阀无效时，应根据火势判断气体压力和泄漏口的大小及其形状，准备好相应的堵漏材料（如软木塞、橡皮塞、气囊塞、黏合剂、弯管工具等）。

6）堵漏工作准备就绪后，即可用水扑救火情，也可用干粉、二氧化碳灭火，但仍需用水冷却高温的储罐或管壁。火扑灭后，应立即用堵漏材料堵漏，同时用雾状水稀释和驱散泄漏出来的气体。如果确认泄漏口非常大，根本无法堵漏，需冷却着火容器及其周围容器和可燃物品，控制着火范围，直到燃气燃尽，火势自动熄灭。

7）现场指挥应密切注意各种危险征兆，遇有火势熄灭后较长时间未能恢复稳定燃烧或受热辐射的容器安全阀火焰变亮耀眼、尖叫、晃动等爆裂征兆时，指挥员必须适时作出准确判断，及时下达撤退命令。现场人员看到或听到事先规定的撤退信号后，应迅速撤至安全地带。

三、事故现场急救措施

1. 生产经营单位如何开展事故现场自救、互救工作？

《生产安全事故应急预案管理办法》要求，生产经营单位应当采取多种形式开展应急预案的宣传教育，普及生产安全事故避险、自救和互救知识，提高从业人员和社会公众的安全意识与应急处置技能。组织开展本单位的应急预案、应急知识、自救互救和避险逃生技能的培训活动，使有关人员了解应急预案内容，熟悉应急职责、应急处置程序和措施。

《中华人民共和国安全生产法》第八十三条要求，生产经营单位发生生产安全事故后，事故现场有关人员应当立即报告本单位负责人。单位负责人接到事故报告后，应当迅速采取有效措施，组织抢救，防止事故扩大，减少人员伤亡和财产损失，并按照国家有关规定立即如实报告当地负有安全生产监督管理职责的部门，不得隐瞒不报、谎报或者迟报。不得故意破坏事故现场、毁灭有关证据。

生产安全事故发生后，组织抢救是生产经营单位的首要任务。组织抢救包括组织救护、组织抢救和从业人员自救。要创造条件以最快的速度、最短的路线，首先将受伤、窒息的人员运到安全的地点进行急救。在专业救护队没有到达之前，辅助救护队应迅速引导和积极救助遇难人员脱离灾区。专业救护队到达后，辅助救护队积极协助专业救护队完成抢险任务。组织从业人员自救，对防止事故扩大，减少人员伤亡和财产损失作用很大。

事故发生后，生产经营单位应当立即启动相关应急预案，采取有效处置措施，开展先期应急工作，控制事态发展，并按规定向有关部门报告。对危险化学品泄漏等可能对周边群众和环境产生危害的事故，生产经营单位应在向地方政府和有关部门报告的同时，及时向可能受到影响的单位、职工、群众发出预警信息，标明危险区域，组织、协助应急救援队伍和工作人员救助受害人员，疏散、撤离、安置受到威胁的人员，并采取必要措施防止发生次生、衍生事故。应急处置工作结束后，各生产经营单位应尽快组织恢复生产、生活秩序，配合事故调查组进行调查。

2. 事故现场自救的注意事项有哪些?

（1）保持良好的心态。在事故发生的异常情况下，特别是火灾发生时，烟气及火的出现，多数人心理恐慌，这是最致命的弱点。保持冷静的头脑，对防止惨剧的发生是至关重要的。如在以往的火灾中，有些人盲目逃生，如跳楼、惊慌失措找不到疏散通道和安全出口等，失去逃生时机而死亡。在发生事故时，保持心理稳定是逃生的前提，若能临危不乱，先观察事故发展态势，再决定逃生方式，运用学到的避灾常识就会化险为夷，把灾难损失降到最低限度。

（2）利用疏散通道和安全出口自救逃生。发生事故时，不要惊慌失措，应及时向疏散通道和安全出口方向逃生。疏散时要听从工作人员的疏导和指挥，分流疏散，避免争先逃生，朝一个出口拥挤，堵塞出口。盲目逃生，往往欲速则不达。

（3）自制器材逃生。发生火灾等事故时，要学会利用现场一切可以利用的物质逃生，要学会随机应用，如将毛巾、口罩用水浇湿当成防烟工具，捂住口、鼻；把被褥、窗帘用水浇湿后，堵住门口阻止火势蔓延；利用绳索或布匹、床单、地毯、窗帘结绳自救。

（4）寻找避难所逃生。在无路可逃的情况下，应积极寻找避难处所，如到阳台、楼层平顶等待救援；选择火势、烟雾难以蔓延的房间，如厕所、保安室等；关好门窗，堵塞间隙，房间如有水源，要立即将门窗和各种可燃物浇湿，以阻止或减缓火势和烟雾的蔓延速度。无论白天或者夜晚，被困者都应大声呼救，不断发出各种呼救信号以引起救援人员的注意，帮助自己脱离险境。

（5）在逃生过程中要防止中毒。火灾发生后，往往会产生大量有毒气体。在逃生过程中应用水浇湿毛巾或衣服捂住口鼻，采用低姿行走，以减小烟气的伤害。匍匐爬行是避免毒气伤害的最科学的逃生方法。火灾中如果站着走，走不了多远便会窒息。

3. 有哪些火灾自救方法?

（1）绳索自救法。房间有绳索的，可直接将其一端挂在门、窗挡等牢固的物体上，沿另一端爬下。在此过程中，脚要成绞状夹紧绳子，双手交替往下爬，并尽量采用手套、毛巾将手保护好。

（2）匍匐前进法。由于火灾发生时烟气大多聚集在上部空间，因此在逃生过程中应尽量将身体贴近地面匍匐或弯腰前进。

（3）毛巾捂鼻法。火灾烟气具有温度高、毒性大的特点，一旦吸入后很容易引起呼吸系统烫伤或中毒，因此疏散中应用湿毛巾捂住口鼻，以起到降温及过滤的作用。

（4）棉被护身法。用浸泡过的棉被或毛毯、棉大衣盖在身上，确定逃生路线后用最快的速度钻过火场并冲到安全区域。如果身上的衣物不慎起火，应迅速将衣服脱下或撕下，或就地滚翻将火压灭。千万不能身穿着火的衣服跑动。如果有水，可迅速用水浇灭，但人体被火烧伤时一定不能用水浇，以防感染。

（5）毛毯隔火法。将毛毯等织物钉或夹在门上，并不断往上浇水冷却，以防止外部火焰及烟气侵入，从而达到抑制火势蔓延速度、增加逃生时间的目的。

（6）被单拧结法。把床单、被罩或窗帘等撕成条或拧成麻花状，按绳索逃生的方式沿外墙爬下。

（7）跳楼求生法。火场切勿轻易跳楼！在万不得已的情况下，住在低楼层的人员可采取跳楼的方法进行逃生。但要选择较低的地面作为落脚点，并将床垫、沙发垫、厚棉被等抛下做缓冲物。

（8）管线下滑法。当建筑物外墙或阳台边上有落水管、电线杆、避雷针引线等竖直管线时，可借助其下滑至地面，同时应注意一次下滑时人数不宜过多，以防止逃生途中因管线损坏而致人坠落。

（9）竹竿插地法。将结实的晾衣竿直接从阳台或窗台斜插到室外地面或下一层平台，两头固定好以后顺杆滑下。

（10）攀爬避火法。通过攀爬阳台、窗口的外沿及建筑周围的脚手架、雨棚等突出物以躲避火势。

（11）楼梯转移法。当火势自下而上迅速蔓延而将楼梯封死时，住在上部楼层的人员可通过老虎窗、天窗等迅速爬到屋顶，转移到另一户或另一单元的楼梯进行疏散。

（12）卫生间避难法。当实在无路可逃时，可利用卫生间进行避难，用毛巾紧塞门缝，把水泼在地上降温，也可躺在放满水的浴缸里躲避。但千万不要钻到床底、阁楼、橱柜等处避难，因为这些地方可燃物多，且容易聚集烟气。

（13）火场求救法。发生火灾时，可在窗口、阳台或屋顶处向外大声呼叫、敲击金属物品或投掷软物品，白天应挥动鲜艳布条发出求救信号，晚上可挥动手电筒或白布条引起救援人员的注意。

（14）逆风疏散法。应根据火灾发生时的风向来确定疏散方向，迅速逃到火场上风处躲避火焰和烟气。

（15）“搭桥”逃生法。可在阳台、窗台、屋顶平台处用木板、竹竿等较坚固的物体搭在相邻建筑上，以此作为跳板过渡到相对安全的区域。

4. 常见急性化学中毒的现场急救方法有哪些？

（1）刺激性气体中毒。刺激性气体是指对皮肤、眼、呼吸道黏膜有刺激作用的一类有害气体的统称，是工业生产中最常见的有害气体。主要有氯气、氨气、氮氧化物、光气、氟化氢、二氧化硫等。

1）发生中毒事故区域（特别是下风向）的人员应尽快撤离或就地躲避在建筑物内。

2）立即将病人移到空气新鲜的地方，脱去污染衣服，迅速用大量清水清洗污染的皮肤，同时要注意保暖。眼内污染者，用清水至少持续冲洗 10 min。

3）保持呼吸道畅通，有条件的可给予雾化吸入和支气管解痉剂，必要时请医务人员实行气管切开术。

4）对呼吸、心跳停止者立即施行人工呼吸和胸外心脏按压，有条件的可肌内注射呼吸兴奋剂等，同时给氧。病人自主呼吸、心跳恢复后方可送医院。

5）针刺昏迷者人中、十宣、涌泉等穴位。

6）立即拨打 120 电话，迅速送往医院抢救。

（2）有机溶剂中毒。有机溶剂一般指难溶于水的油脂、树脂、染料、蜡、烃类等有机化合物的液体。常见的有苯、甲苯、二甲苯、汽油、正己烷、氯仿、氯乙烷、甲醇、乙酯、丙酐、二硫化碳等。人体吸入这些物质后，会出现头晕目眩、倦息乏力、食欲不振、恶心呕吐等症状。

1）立即将中毒者转移到空气新鲜的地方，脱去被污染衣物，迅速用大量清水或肥皂水清洗被污染的皮肤，同时注意保暖。眼部被污染，立即用清水冲洗，至少冲洗 10 min。

2）若中毒者昏迷，施救者可根据现场情况及中毒物质种类，采用拇指按压人中、十宣、涌泉等穴位的办法施救。

（3）窒息性气体中毒。窒息性气体是以气态吸入而引起组织窒息的一类有害气体，是指被机体吸入后，可使氧的供给、摄取、运输和利用发生障碍，使全身组织细胞得不到或不能利用氧，而导致组织细胞缺氧窒息的有害气体的总称。根据中毒作用机制不同，大致可分为单纯性窒息性气体和化学性窒息性气体。

1）单纯性窒息性气体本身毒性很低或属惰性气体，但因其在空气中含量高，使氧的相对含量大大降低，致动脉血氧分压下降，导致机体缺氧窒息。如氮气、甲烷、二氧化碳、水蒸气等。

2）化学性窒息性气体主要能对血液或组织产生特殊化学作用，使氧的运送和组织利用氧的功能发生障碍，造成全身组织缺氧，引起严重中毒表现。在工业生产中常见的有一氧化碳、氰化物和硫化氢等。按中毒机制不同又分为以下两小类。

①血液窒息性气体：阻碍血红蛋白与氧结合或妨碍血红蛋白向组织释放氧，影响血液对氧的运输功能，导致组织供氧障碍而窒息，如一氧化碳、一氧化氮及苯的氨基、硝基化合物蒸气等。

②细胞窒息性气体：主要通过抑制细胞内呼吸酶，使细胞对氧的摄取和利用产生障碍，生物氧化不能进行，发生细胞“内窒息”，如硫化氢、氰化氢等。

3）窒息性气体中毒应急处置。

①现场处理。尽快使患者脱离中毒环境，移至安全的地方。一旦发现患者出现呼吸、心跳停止，立即给予心肺复苏。

②生命体征监护。常规给予中毒患者动态血压、心电、呼吸、血氧等生命体征监护，维持基本生命体征稳定。

③合理氧疗。改善缺氧是治疗窒息性气体中毒的关键所在，生命体征稳定者尽快给予高压氧治疗，其他给氧方法包括鼻导管给氧、高频通气等方法。

④防治脑水肿。给予亚低温治疗、糖皮质激素治疗、促进脑代谢药物治疗等。合理脱水利尿可给予20%（体积分数）的甘露醇250 mL静脉滴注，呋塞米20 mg静脉推注，每日数次交替使用。

⑤改善脑微循环障碍。维持充足的灌注压和正常血容量，合理使用血管活性药物。

⑥清除氧自由基。窒息性气体中毒重要的分子机制是诱使机体产生大量氧自

由基，导致细胞脂质过氧化损伤，因此，应积极给予清除自由基为主的抗氧化治疗。具体药物有糖皮质激素、还原型谷胱甘肽、维生素 E、维生素 C、超氧化物歧化酶等。

5. 如何实施化学灼伤的现场急救？

化学腐蚀品造成的化学灼伤与火烧伤、烫伤不同。不同类别的化学灼伤，急救措施也不同，要根据灼伤物的不同性质，分别进行急救。

（1）发现化学烧伤后，要立即脱去被污染的衣物、鞋袜，随后用大量清水冲洗创面 15~20 min。有条件时，边冲洗边用 pH 试纸不断测定创面的酸碱度，一直冲洗到近中性。

（2）被强酸或强碱等灼伤，应迅速用大量清水冲洗，至少冲洗 0.5 h，然后按酸、碱两类不同物质做如下处理：酸类灼伤用饱和的碳酸氢钠溶液冲洗，碱类灼伤用稀醋酸溶液冲洗或撒以硼酸粉。

（3）酸碱一旦溅入眼睛，其腐蚀作用极快，尤其是氨水、生石灰等，往往在几分钟内即可渗透到眼睛深部，引起严重后果。为了挽救眼睛，必须争分夺秒，立即用清洁的水冲洗，不能错失自救机会，以致失明。

（4）凡溶于水的化学药品进入眼睛，应立即用水洗涤，然后根据不同情况分别处理：如属碱类灼伤，则用 2%（体积分数）的医用硼酸溶液淋洗；如属酸类灼伤，则用 3%（体积分数）的医用碳酸氢钠溶液淋洗。重者应立即送医院治疗。

（5）对口腔的化学灼伤，应迅速用蒸馏水或自来水漱口，然后酌情处理：如属碱类灼伤，用 2%（体积分数）的硼酸溶液反复漱口；如属酸类灼伤，则用 3%（体积分数）的碳酸氢钠溶液反复漱口。最后，都应用洁净水多次漱洗。

6. 如何实施烧伤的现场急救？

（1）使伤员尽快脱离火（热）源，缩短烧伤时间。注意避免助长火势的动作，如快跑，会使衣服烧得更炽热；站立，将使头发着火并吸入烟火，引起呼吸道烧伤等。被火烧者应立即躺平，用厚衣服包裹，湿的更好，若无此类物品，则躺着就地慢慢滚动。用水及非燃性液体浇灭火焰更好，但不要用沙子或不洁物品灭火。

（2）迅速脱去伤员被烧的衣服、鞋袜等，为节省时间和减少对创面的损伤，可用剪刀剪开。不要清理创面，使其避免污染，并减少外界空气刺激创面引起疼痛，暂时用较干净的衣服把创面包裹起来。对创面一般不做处理，尽量不弄破水泡，保护表皮，避免涂一些效果不肯定的药物、油膏或油。

（3）维护呼吸道通畅。火焰烧伤常伴呼吸道受烟雾热力等损伤，应注意保护呼吸道通畅，必要时要给予吸氧。检查心跳、呼吸情况，检查是否有其他外伤和有害气体中毒以及其他合并症状。对爆炸冲击烧伤人员，应检查有无颅胸损伤、胸腹腔内脏损伤和呼吸道烧伤。注意有无复合伤，对大出血、开放性气胸、骨折等应先施行相应的急救处理。

（4）防止休克、窒息、创面污染。烧伤的伤员常常因疼痛或恐惧发生休克，应安慰和鼓励受伤者，使其情绪稳定。疼痛剧烈可酌情使用止痛药或可用针灸止痛；若发生急性喉头梗阻或窒息时，设法请医务人员做气管切开，以保证通气；现场检查和搬运伤员时，注意保护创面，防止污染。

（5）大面积严重烧伤，应就近输液抗休克，转送途中注意保持呼吸道通畅。若伤员高度口渴、烦躁不安，则提示休克严重，应加快输液，只可少量口服盐水。

（6）迅速离开现场，立即把严重烧伤人员送往医院。注意搬运时动作要轻柔，行进要平稳，随时观察伤情。

7. 低温冻伤分为几类？如何实施低温冻伤的现场急救？

（1）低温冻伤分类。冻伤后表现为皮肤苍白、冰冷、疼痛和麻木，复温后才显现出特征，低温冻伤分为以下 4 类。

1）一度冻伤。皮肤浅层冻伤，局部皮肤从苍白色转为斑状蓝紫色，以后红肿、发痒、刺痛和感觉异常。

2）二度冻伤。皮肤浅层和部分深层冻伤，局部红肿、发痒、灼痛，早期有水疱出现。

3）三度冻伤。皮肤全层和皮下组织冻伤，皮肤由苍白渐变为蓝色，再成黑色，感觉消失，冻伤周围组织可能出现水肿和水疱，并有剧痛。

4）四度冻伤。皮肤皮下组织、肌肉，甚至骨髓都被冻伤，呈暗灰色，感觉和运动功能完全消失。

（2）现场急救措施。

1）针对一度冻伤，可让病人自己主动活动，并按摩受冻部位，促进血液循环。可以用辣椒、艾蒿、茄秆煮水熏洗、浸泡，再涂以冻疮膏即可。

2）对于遭遇严寒侵袭的人，要帮其脱离险境，或尽快将其从水中救出，转移到避风的室内，脱去湿冷的衣裤，擦干身体，换上保暖的衣被，给予热的饮料和精神安抚。

3）如果病人呼吸、心跳微弱或似有似无，应立即将病人平放在硬板床上，拉直气管，清除口鼻异物，做“口对口”人工呼吸和心脏按压，促使心肺功能尽快恢复，同时兼顾保暖和复温处理。

4）尽快使冻伤处复温。一般是将冻肢浸泡在温水中，不断添加热水，使水温由 36 ℃逐渐提高到 42 ℃左右，并保持这一温度范围，直到患处恢复温感，皮肤温度达到 36 ℃左右。如果一时找不到热水，可将患肢放进救援人员怀抱中，也不失是个应急的好办法。复温过程宜在 10 min 内完成，不宜过久，以便尽量减少对组织的损伤。

5）患处若破溃感染，应在局部用65%~75%（体积分数）酒精或1%（体积分数）的新洁尔灭消毒，吸出水泡内液体，外涂冻疮膏、樟脑软膏等，保暖包扎。必要时应用抗生素及破伤风抗毒素。

（3）注意事项。

1）千万不能采用拍打、雪搓、火烤或冷水漫泡等错误的方法，因为拍打、搓擦会损伤皮肤，增加感染的机会。

2）火烤只能使表面冻结组织融化，而不能使血管扩张和改善血液循环，相反会增加组织代谢，加重组织缺氧和损伤，对愈后不利。

思考题

1. 企业如何利用现有条件开展事故现场自救？
2. 如何开展烧伤和冻伤的现场救治？
3. 结合企业实际，简述现场人员如何做好危险化学品泄漏应急处置。

第三节　应急救援装备的选用、维护管理要求

一、应急救援装备的选用

1. 危险化学品事故应急救援装备主要包括哪几类？

危险化学品事故应急救援装备种类繁多、功能不一、适用性差异大，可按其适用性、具体功能、使用状态进行分类。从危险化学品事故应急处置与救援的角度，按照具体功能进行分类更科学、更适用。

危险化学品事故应急救援装备按照具体功能通常分为个体防护装备、侦检装备、堵漏装备、灭火装备、医疗救护装备、通信装备、排烟装备、照明装备、洗消装备、警戒装备、破拆装备、救生装备、攀登装备、其他特殊装备等。

（1）个体防护装备。个体防护装备指应急救援人员在处置危险化学品事故时为免受化学、生物与放射性物质伤害，保护人体健康、安全穿戴的装备。常用的个体防护装备包括防护服、呼吸防护用品、其他个体防护用品等。

1）防护服。防护服可预防化学品通过皮肤进入身体。常用的防护服有化学防护服、消防战斗服、避火服、隔热服、防静电服等。危险化学品事故应急救援人员应根据环境、温度、有毒介质等因素，配置不同种类与等级的防护服。

2）呼吸防护用品。呼吸防护用品可预防化学品通过呼吸道进入身体。常用

的呼吸防护用品包括空气呼吸器、氧气呼吸器、过滤式防毒面具、强制送风呼吸器等。

3）其他个体防护用品。其他个体防护用品主要包括头、眼睛、手、脚等部位的防护用品。

消防头盔是用于保护消防指战员的头部、颈部免受坠落物冲击和穿透以及热辐射、火焰、电击和侧向挤压时伤害的防护器具。

防护眼镜是防止有害物质伤害眼睛的眼部护具，包括化学护目镜、防冲击眼镜等。

手部防护用品包括防化手套、防割手套、绝缘手套、耐高温手套等。防化手套种类繁多，选择时应考虑防护的危险化学品种类，如油类、酸类、腐蚀性物质及各种溶剂等，综合指标较佳者为优先选择。

脚部防护用品包括消防战斗靴、防化安全靴、电绝缘鞋（靴）、防静电鞋（靴）等。

（2）侦检装备。侦检装备指利用人工或自动的侦检观测方式，获得现场相关信息与数据的仪器和用具。

危险化学品事故侦检装备主要包括气体检测器材、液体检测器材、气象观测器材、景象观察器材和测温测电器材等。

（3）堵漏装备。堵漏装备按主体材质分为普通型堵漏装备和防爆型堵漏装备。普通型堵漏装备由不锈钢等材料制成，用于非易燃易爆泄漏场所；防爆型堵漏装备由铍、铝、铜等材料制成，用于易燃易爆泄漏场所。

常用的堵漏装备包括外封式堵漏袋、内封式堵漏袋、捆绑式堵漏带、磁压式堵漏器、粘贴式堵漏器、注入式堵漏器、套管式堵漏器、楔塞式堵漏工具等。

（4）灭火装备。灭火装备主要包括灭火器、消防车、消防炮、消防泵等种类。

（5）医疗救护装备。医疗救护装备指对事故现场伤员进行现场急救、转移的专业工具，主要包括救护车、自动呼吸复苏器、担架、夹板等。

（6）通信装备。通信装备在突发事件时为应急指挥、应急救援提供通信保障。通常分为一般通信和应急指挥通信装备。

（7）排烟装备。排烟装备主要用于针对气相危险化学品泄漏后形成的扩散浓度较高和小范围积聚的区域进行吹扫和空气稀释，或对气相化学品在密闭空间的泄漏进行抽排和空气置换。通常分为排烟机和排烟车。

（8）照明装备。照明装备指用于提高现场光照亮度的设备，包括大面积与个人小范围使用的照明设备，按性能分为普通型、防水型、防爆型；按携带方式分为个人携带式、移动式和车载式（照明车），个人携带式又分为手握式和头盔式等；按动力分为蓄电式与电机式，蓄电式又分为可充电（锂电池、镍氢电池、铅酸电池）式与不可充电（干电池）式。

（9）洗消装备。洗消装备主要用于化学事故应急救援后救援人员、装备、地面和服装的洗消以及危险化学品废液的收集、输转、处置。

1）洗消设备。常用的洗消设备包括洗消站、大型公众洗消设备、个人洗消帐篷、移动洗消装备等。

2）输转装备。常用的输转装备包括有毒物质密封桶、液体抽吸泵、液体吸附/吸收垫等。

（10）警戒装备。警戒装备主要用来圈划危险区域或安全区域，指引各个部门和人员的工作位置与进出方向，避免造成混乱。常用的警戒装备包括警戒标志杆、警戒带、警戒灯、警示牌、警戒桶等。

（11）破拆装备。破拆装备指救援人员在执行救人、灭火、排险等任务时必须强行破坏某些装置的结构所使用的工具、设备。破拆工具分为手工破拆工具、动力破拆工具和化学破拆工具 3 大类。

1）手工破拆工具。手工破拆工具包括多功能消防斧、铁锹和无火花防爆工具。

2）动力破拆工具。动力破拆工具包括锯、气动切割刀、气动破拆工具组、液压剪扩两用钳。

3）化学破拆工具。常用的化学破拆工具包括氧气切割器、丙烷气体切割器。

（12）救生装备。救生装备是指救援人员在灾害现场中营救被困人员或自救的工具。救生装备种类较多，主要有气垫类、绳索吊带类和牵引撑杆类。

（13）攀登装备。攀登装备是在没有现成的登高装置时临时设立的简易登高辅助设备。救援人员利用这些装备可以快速架设、移动、攀爬，很快进入更高的位置。

攀登装备包括单杠梯、挂钩梯、二节拉梯、三节拉梯、救生软梯、套管式折叠梯等，使用时应根据攀登高度、险情类型选用合适的攀登装备。

（14）其他特殊装备。其他特殊装备主要包括机器人、无人机、专勤消防车、重型车辆、船舶等。

2. 危险化学品生产单位如何配备应急救援物资？

危险化学品单位应急救援物资应根据本单位危险化学品的种类、数量和危险化学品发生事故的特点进行配置。

根据《危险化学品单位应急救援物资配备要求》（GB 30077—2013）的要求，危险化学品生产和储存单位应急救援物资的配备应符合以下要求。

（1）作业场所应急救援物资配备要求。在危险化学品单位作业场所，作业场所应急救援物资配备应符合表 6-1 的要求。

表 6-1　　作业场所应急救援物资配备要求

序号	物资名称	技术要求或功能要求	配备	备注
1	正压式空气呼吸器	技术性能符合 GB/T 18664 要求	2 套	
2	化学防护服	技术性能符合 AQ/T 6107 要求	2 套	具有有毒、腐蚀性危险化学品的作业场所
3	过滤式防毒面具	技术性能符合 GB/T 18664 要求	1 个/人	类型根据有毒有害物质确定，数量根据当班人数确定
4	气体浓度检测仪	检测气体浓度	2 台	根据作业场所的气体确定
5	手电筒	易燃易爆场所，防爆	1 个/人	根据当班人数确定
6	对讲机	易燃易爆场所，防爆	4 台	
7	急救箱或急救包	物资清单可参考 GBZ 1	1 包	
8	吸附材料或堵漏器材	处理化学品泄漏	*	以工作介质理化性质选择吸附材料，常用吸附材料为干沙土（具有爆炸危险性的除外）

续表

序号	物资名称	技术要求或功能要求	配备	备注
9	洗消设施或清洗剂	洗消受污染或可能受污染的人员、设备和器材	*	在工作地点配备
10	应急处置工具箱	工作箱内配备常用工具或专业处置工具	*	防爆场所应配置无火花工具

注：表中所有“*”表示由单位根据实际需要进行配置，本标准不作规定。

（2）企业应急救援人员个体防护装备配备要求。企业应急救援队伍应急救援人员个体防护装备配备标准应符合表6-2的要求。

表6-2　企业应急救援人员个体防护装备配备要求

序号	名称	主要用途	配备	备份比	备注
1	头盔	头部、面部及颈部的安全防护	1顶/人	4：1	
2	二级化学防护服装	化学灾害现场作业时的躯体防护	1套/10人	4：1	1）以值勤人员数量确定 2）至少配备2套
3	一级化学防护服装	重度化学灾害现场全身防护	*		
4	灭火防护服	灭火救援作业时的身体防护	1套/人	3：1	指挥员可选配消防指挥服
5	防静电内衣	可燃气体、粉尘、蒸气等易燃易爆场所作业时的躯体内层防护	1套/人	4：1	
6	防化手套	手部及腕部防护	2副/人		应针对有毒有害物质穿透性选择手套材料
7	防化靴	事故现场作业时的脚部和小腿部防护	1双/人	4：1	易燃易爆场所应配备防静电靴
8	安全腰带	登梯作业和逃生自救	1根/人	4：1	
9	正压式空气呼吸器	缺氧或有毒现场作业时的呼吸防护	1具/人	5：1	1）根据值勤人员数量确定 2）备用气瓶按照正压式空气呼吸器总量1：1备份
10	佩戴式防爆照明灯	单人作业照明	1个/人	5：1	

续表

序号	名称	主要用途	配备	备份比	备注
11	轻型安全绳	救援人员的救生、自救和逃生	1 根/5 人	4∶1	
12	消防腰斧	破拆和自救	1 把/人	5∶1	

注：1. 表中“备份比”是指应急救援人员防护装备配备投入使用数量与备用数量之比。
2. 根据备份比计算的备份数量为非整数时应向上取整。
3. 第三类危险化学品单位应急救援人员可佩戴作业场所的个体防护装备，不配备该表的装备。
4. “＊”表示由单位根据实际需要进行配置，本标准不作规定。

此外，对于沿江河湖海的危险化学品单位应配备水上灭火抢险救援、水上泄漏物处置和防汛排涝物资。

（3）应急救援队伍抢险救援物资配备。对于危险化学品企业，根据从业人员数量、营业收入和危险化学品重大危险源级别，分为第一类、第二类和第三类。危险化学品单位分类方式见表 6-3。

表 6-3　　危险化学品单位分类方式

企业规模	危险化学品重大危险源级别			
	一级危险化学品重大危险源	二级危险化学品重大危险源	三级危险化学品重大危险源	四级危险化学品重大危险源
从业人数 300 人以下或营业收入 2 000 万元以下	第二类危险化学品单位	第三类危险化学品单位	第三类危险化学品单位	第三类危险化学品单位
从业人数 300 人以上 1 000 人以下或营业收入 2 000 万元以上 40 000 万元以下	第二类危险化学品单位	第二类危险化学品单位	第二类危险化学品单位	第三类危险化学品单位
从业人数 1 000 人以上或营业收入 40 000 万元以上	第一类危险化学品单位	第二类危险化学品单位	第二类危险化学品单位	第二类危险化学品单位

注：1. 表中所称的“以上”包括本数，所称的“以下”不包括本数。
2. 没有危险化学品重大危险源的危险化学品单位可作为第三类危险化学品单位。

对于每一类危险化学品单位，应急救援队伍配备的器材包括侦检、警戒、灭火、通信、救生、破拆、堵漏、输转、洗消、排烟、照明及其他类型。

第一类危险化学品单位堵漏器材的配备要求见表 6-4。

表 6-4　　第一类危险化学品单位堵漏器材配备要求

序号	物资名称	主要用途或技术要求	配备	备注
1	木制堵漏楔	各类孔洞状较低压力的堵漏作业；经专门绝缘处理，防裂，不变形	1 套	每套不少于 28 种规格
2	气动吸盘式堵漏工具	封堵不规则孔洞；气动、负压式吸盘，可输转作业	1 套	根据企业实际情况和工艺特点，选配 1 套堵漏工具
3	粘贴式堵漏工具	各种罐体和管道表面点状，线状泄漏的堵漏作业；无火花材料		
4	电磁式堵漏工具	各种罐体和管道表面点状、线状泄漏的堵漏作业；适用温度不高于 80 ℃		
5	注入式堵漏工具	阀门或法兰盘堵漏作业：无火花材料；配有手动液压泵，液压不低于 74 MPa，使用温度为 -100～400 ℃	1 套	含注入式堵漏胶 1 箱
6	无火花工具	易燃、易爆事故现场的手动作业，铜制材料	1 套	每套不小于 11 种
7	金属堵漏套管	各种金属管道裂缝的密封堵漏	1 套	
8	内封式堵漏袋	圆形容器和管道的堵漏作业；由防腐橡胶制成，工作压力 0.15 MPa，4 种，直径分别为 10 mm/20 mm、20 mm/40 mm、30 mm/60 mm、50 mm/100 mm	*	
9	外封式堵漏袋	罐体外部堵漏作业；由防腐橡胶制成，工作压力 0.15 MPa，2 种，尺寸为 5 mm/20 mm、20 mm/48 mm	*	
10	捆绑式堵漏袋	管道断裂堵漏作业；由防腐橡胶制成，工作压力 0.15 MPa，尺寸为 5 mm/20 mm、20 mm/48 mm	*	
11	阀门堵漏套具	阀门泄漏的堵漏作业	*	
12	管道黏结剂	小空洞或砂眼的堵漏	*	

注：“*”表示由单位根据实际需要进行配置，本标准不作规定。

第二类、第三类危险化学品单位堵漏器材的配备要求参见《危险化学品单位应急救援物资配备要求》（GB 30077—2013）。

二、应急救援装备的使用维护管理

1. 应急救援装备的使用有哪些要求?

应急救援装备是用来保障生命财产安全的，必须严格管理，正确使用，仔细维护，使其时刻处于良好的备用状态。同时，有关人员必须会使用，确保其功能得到最大限度地发挥。

应急救援装备的使用要求主要包括以下几个方面。

(1) 专人管理，职责明确。应急救援装备大到价值百万元的化学抢险救援车，小到普普通通的防毒面具，都应指定专人进行管理，明确管理要求，确保装备的妥善管理。

(2) 严格培训，严格考核。要严格按照说明书要求，对使用者进行认真的培训，使其能够正确熟练地使用，并把对应急救援装备的正确使用作为对相关人员的一项严格的考核要求。要特别注意一些貌似简单、实则易出错环节的培训与考核。

2. 应急救援装备的维护有哪些要求?

对应急救援装备，必须经常进行检查，正确维护，保持随时可用的状态。否则，就可能造成装备因维护不当而损坏，还会因为装备不能正常使用而延误事故处置。应急救援装备的检查维护，必须形成制度化、规范化。

应急救援装备的维护，主要包括以下两种形式。

(1) 定期维护。根据说明书的要求，对有明确维护周期的，按照规定的维护周期和项目进行定期维护，如可燃气体监测仪的定期标定、泡沫灭火剂的定期更换、灭火器的定期水压试验等。

(2) 日常随机维护。对于没有明确维护周期的，要按照产品说明书的要求，进行经常性的检查，严格按照规定进行管理。发现异常，及时处理，随时保证应急救援装备完好可用。

思考题

1. 危险化学品企业如何结合本企业的生产实际选用应急救援装备？
2. 企业应如何做好应急救援装备的维护管理？

第四节　危险化学品典型事故案例

一、石油化工企业典型事故

1. 临沂金誉石化有限公司"6·5"罐车泄漏重大爆炸着火事故发生的原因是什么？我们应该从中吸取哪些事故教训？

（1）事故情况简介。2017 年 6 月 5 日凌晨 1 时左右，临沂金誉石化公司储运部装卸区的一辆液化石油气运输罐车在卸车作业过程中发生液化气泄漏，引起重大爆炸着火事故，装卸区内停放的运输车辆罐体爆炸残骸等飞溅物击中周边设施、物料管廊、液化气球罐、异辛烷储罐等，致使 2 个液化气球罐发生泄漏燃烧、2 个异辛烷储罐发生燃烧爆炸。冲击波还扩散到控制室，造成控制室损坏。事故共造成 10 人死亡，9 人受伤，直接经济损失 4 468 万元。爆燃事故现场如图 6-1 所示。

（2）事故原因分析。

事故直接原因是：肇事罐车驾驶员长途奔波、连续作业，在午夜进行液化气卸车作业时，没有严格执行卸车规程，出现严重操作失误，致使快接接口与罐车液相卸料管未能可靠连接，在开启罐车液相球阀瞬间发生脱离，造成罐体内液化气大量泄漏。现场人员未能有效处置，泄漏后的液化气急剧气化，迅速扩散，与空气形成爆炸性混合气体，达到爆炸极限，遇点火源发生爆炸燃烧。

图 6-1 金誉石化“6·5”爆燃事故现场

事故间接原因有以下几个方面。

1）该公司未落实安全生产主体责任。对企业存在的安全风险特别是卸车区叠加风险辨识和评估不全面，高风险的管控措施不落实，从业人员素质和化工专业技能不能适应高危行业安全管理的需要。

2）特种设备安全管理混乱，未依法取得移动式压力容器充装资质和工业产品生产许可资质，违法违规生产经营，特种设备管理和操作人员不具备相应资格和能力。

3）卸载前未严格执行安全技术操作规程，对快装接口与罐车液相卸料管连接可靠性检查不到位，流体装卸臂快装接口定位锁止部件经常性损坏更换维护不及时。

4）危险化学品装卸管理不到位，连续 24 h 组织作业，10 余辆罐车同时进入装卸现场，超负荷进行装卸作业。

5）事故应急管理不到位，预案编制针对性和实用性差，未根据装卸区风险特点开展应急演练和培训，出现泄漏险情时，现场人员未能及时关闭泄漏罐车紧急切断阀和球阀，未及时组织人员撤离，致使泄漏持续超过 2 min 直至遇到点火源发生爆燃，造成重大人员伤亡。

（3）事故教训。事故给予我们的启示及防范措施建议有以下几个方面。

1）危险化学品生产、经营、运输企业要加强危险化学品装卸环节的安全管理。建立和完善危险化学品装卸环节的安全管理制度，严格执行危险化学品装卸车操作规程，液化气体装卸作业时应对接口连接可靠性进行确认。

2）企业应提高应急管理水平。要针对装卸环节可能发生的泄漏、火灾、爆炸等事故，制定操作性强的事故应急救援预案，特别是完善现场处置方案，定期组织操作人员进行应急预案培训和演练，配备必要的应急救援器材，提高企业事故施救能力。

3）合理组织装卸车作业。要科学评判集中装卸作业可能存在的风险叠加现象，合理布置装车区和待装区，减少人员密集程度和车辆密集程度，防止发生多米诺骨牌效应。

4）加强设备完好性管理，装卸作业时不仅要检查接口可靠性，还要增强容错功能，避免失误现象发生。

5）加强对控制室的抗爆性设计，做到控制室、机柜间不得朝向具有爆炸危险性的生产装置。

2. 大连中石油国际储运有限公司“7·16”特别重大输油管道爆炸火灾的原因是什么？我们应从中吸取哪些事故教训？

（1）事故情况简介。2010 年 7 月 16 日晚 18 时许，大连中石油国际储运有限公司原油罐区输油管道发生爆炸，造成原油大量泄漏并引起火灾，持续燃烧 15 h，事故造成 103 号原油储罐和周边泵房及港区主要输油管道严重损坏，原油流入附近海域，造成环境污染。事故还造成 1 名作业人员失踪，灭火过程中 1 名消防战士牺牲。

该公司一期原油罐区位于大连新港，建有 6 个储罐，库存能力 60 万 m^3，二期原油罐区内建有 14 个储罐，库存能力 125 万 m^3。地形呈“西高东低、南高北低”。

2010 年 7 月 15 日，油轮开始向该公司原油罐区 304 号原油罐卸油，同时承包商作业人员开始通过罐区内 2 号输油管道排空阀向管道注入脱硫化氢剂。7 月 16 日 13 时 20 分，加剂人员在接到油船已停止卸油的通知后，仍继续加注脱硫化氢剂。18 时 02 分，加注点东侧 2 号输油管道立管处发生爆炸，引起火灾，导致 103 号原油储罐起火。18 时 20 分，罐区电力系统损坏，罐区断电，消防系统不能正常工作，罐区阀门不能关闭，致使火势扩大。

16 日 23 时 30 分，在经过大连市消防队员扑救后，火势得到初步控制，最初发生爆炸的输油管道（直径 900 mm）大火被扑灭。但是与原油储罐相连的管道（直径 700 mm）仍在燃烧，储罐与输油管线之间阀门被烧坏，无法切断原油，原油从油罐中持续流出、起火。17 日凌晨，地面流淌的原油通过罐区排水系统出口流入海域，造成污染，至 17 日 14 时左右，火势被完全扑灭。

事故造成 103 号原油储罐（10 万 m^3）被完全烧毁，油罐一侧已塌陷，附近的输油管线受损，一期罐区油泵房、计量间、变配电间、消防泵房被烧毁，罐区南部控制室被烧毁。事故现场图如图 6-2 和图 6-3 所示。

图 6-2　事故现场图

（2）事故原因分析。

事故发生的直接原因是：违规进行加剂（脱硫化氢剂，含 85% 过氧化氢）作业。在油轮暂停卸油作业的情况下，继续加入大量脱硫化氢剂，造成过氧化氢在加剂口附近输油管段内局部富集。输油管内高浓度的过氧化氢与原油及铁锈等杂质接触发生放热反应，致使管内温度升高。在温度升高的情况下，过氧化氢与管壁接触，亚铁离子促进过氧化氢的分解，使管内温度和压力加速升高，形成“分解—管内温度、压力升高—分解加快—管内温度、压力快速升高”的连续循

图 6-3　发生火灾的 103 号原油罐

环，引起输油管道中过氧化氢发生爆炸，原油泄漏，引发火灾。

事故间接原因有以下几个方面。

1）安全主体责任不落实。整个罐区管理混乱，层次较多，没有执行“谁主管，谁负责”的原则，造成安全主体责任不落实，安全监管不到位。

2）变更管理不善。此次作业，加剂工艺发生了变更，原油脱硫化氢剂生产厂家发生变更，脱硫化氢剂的活性组分由有机胺类变更为过氧化氢，但是事故单位没有针对这一变更进行风险分析，没有制定完善的加剂方案。

3）事故单位对承包商监管不力。事故单位对加入的原油脱硫化氢剂的安全可靠性没有进行科学论证，直接将原油脱硫化氢处理工作委托给承包商，而承包商又进行了转包。且在加剂过程中，事故单位作业人员在明知已暂停卸油作业的情况下，没有及时制止承包商的违规加注行为。

4）加剂方法没有正规设计，加剂方案没有经过科学论证，违反《中华人民共和国安全生产法》的相关规定。

5）承包商在加剂作业中存在违规加注行为。其作业人员在经济利益的驱使下，违反设计配比，在原油停输后，将 22.6 t 脱硫化氢剂加入输油管道中。

6）油罐租赁单位未对原油脱硫化氢剂及其使用进行合法性审核和安全论证。

7）原油接卸过程中指挥协调不力，层次较多，管理混乱。

8）应急设施基础薄弱。事故造成电力系统损坏，消防设施失效，罐区停电，使得其他储罐的电控阀门无法操作，无法及时关闭周围储罐的阀门，导致火灾规模扩大。

（3）事故教训。事故给予我们的启示及防范措施建议有以下几个方面。

1）应认真做好重大危险源场所的总体规划。此次事故中，整个大连大孤山地区规划油品库容达到 2 000 万 m^3 左右，分 5 个台阶建设，高差达到 76 m，所储存油品包括原油、成品油、化工原料和液化天然气。此次事故中，溢出的原油向低洼处蔓延，形成流淌火，流淌火流入库区外和相邻库区，造成大连港集团的南罐区油泵房和管道爆炸起火，威胁到整个保税区所有油库的安全。港区内原油等危险化学品大型储罐集中布置是造成事故险象环生的重要因素。在建设原油、成品油、化工原料和液化天然气等大库容、多品种储存基地前，应进行详细的安全论证，充分考虑定量风险评估的结果，确保一个库区发生事故时，不会影响到整个库区的安全。

在单个企业乃至化工园区重大危险源布局时，同样要考虑单一企业或单一储罐发生火灾时，对相邻储罐或相邻企业的影响。要在严格遵守各项防火标准规范的基础上，运用定量评估方法科学评估事故后果波及范围，合理布局易燃液体储罐，确保重大危险源火灾损失降低到最小。

2）应高度重视重大危险源场所的供电保障。此次事故发生初期，火灾使得罐区高架电力系统迅速瘫痪，罐区停电，其他储罐的电控阀门无法操作，不能及时关闭周围储罐的阀门，并导致消防系统不能正常工作，给火灾规模的扩大提供了条件。对于重大危险源场所的供电设计，应按照《供配电系统设计规范》（GB 50052—2009）要求合理确定供电负荷等级。对于可能导致严重后果的重大危险源，应至少采用双回路电源线路供电，同时设置移动式应急柴油发电机组，确保在断电情况下，保障重要设备的供电。

3）应确保储罐紧急切断阀在事故状态下有效使用。此次事故中，发生火灾的罐区每个罐组集中设置了一个阀组，虽然方便了生产操作维护和防冻，但一旦阀组处发生火灾，罐组中各罐控制阀门全部烧毁，导致不能有效阻止罐内物料的外流。在储罐紧急切断阀选用时，应充分考虑事故情形下储罐紧急切断阀的正常使用，应按照故障安全型原则选用和设计，必要时设置双阀，确保在事故时能有效切断物料。

4）应重视变更可能带来的风险，进一步强化变更管理。此次事故的一个重要原因是变更管理不善，事故单位的加剂工艺发生了变更，脱硫化氢剂的活性组分由有机胺类变更为过氧化氢，但是没有针对这一变更进行风险分析，没有制定完善的加剂方案，在采用新工艺后，没有加强对现场作业的监管，从而导致了在加剂过程中发生严重事故。

企业应高度重视变更管理工作，清醒认识到变更可能给工艺和设备运行带来的风险。当生产工艺或工艺流程变更时，需要对生产工艺及操作过程进行全面的安全性评估，识别和分析影响安全性的关键因素和作业环节。要进行科学的安全论证，全面辨识可能出现的安全风险，采取针对性的防范措施，确保安全。要按照“申请—审批—实施—验收”的管理程序做好变更的全过程管理工作，强化变更风险管控。

5）要加强对承包商的现场监管。在此次事故发生前，承包商配制了 90 t 原油脱硫化氢剂，在加剂过程中由于软管鼓泡、脱硫化氢剂泄漏、软管与泵连接口处脱落等原因耽误了 4 h。在原油停输后，仍坚持把剩余脱硫化氢剂加入原油中，事故单位的现场监管人员对其违规行为未加制止。

企业应加强对承包商的管理，尤其是在重大危险源场所实施作业过程中的安全监管，坚决杜绝非法转包、以包代管现象，加强重大危险源场所直接作业过程的安全监督和管理，严格查处“三违”行为，实现安全作业。

6）要加强对事故应急池的管理工作。涉及存储可燃、易燃危险化学品的企业，应高度重视对事故应急池的管理，在加强对防火堤的维护、防止堤内液体渗漏到堤外的同时，做好罐区排水系统的管理，保证污水泵完好可用，污水池有效容积满足事故情况下承载事故污水的需要。

7）要充分发挥重大危险源包保责任人的职责作用。重大危险源场所一旦发生事故，往往后果严重。此次事故也暴露出企业管理层级繁杂、职责不清、疏于作业现场管理的问题。重大危险源各级包保负责人要承担自己应尽的责任，按照包保责任制要求，落实各自主体责任。技术负责人要加强对承包商和变更的管理，操作负责人要加强作业现场的安全管理，做到齐抓共管，才能确保重大危险源的安全。

二、精细化工企业典型事故

1. 浙江林江化工公司“6·9”爆炸事故发生的原因是什么？我们应该从中吸取哪些事故教训？

（1）事故情况简介。2017 年 6 月 9 日 2 时 16 分左右，浙江林江化工公司 2 车间在产品中试过程中发生一起爆炸事故，造成 3 人死亡、1 人受伤，直接经济损失 525 万元。

浙江林江化工公司主要从事氟精细化学品的研发、生产与销售。2016 年底，林江化工公司获得农药新产品唑啉草酯（代号 ZL）生产技术。该产品是新苯基吡唑啉类除草剂，合成工艺流程是以 2,6-二乙基-4-甲基苯胺为原料，经重氮化、偶联、硫酸水解、缩合、酯化等，一共分 9 步反应制得。

2017 年 6 月 5 日，林江化工公司决定在 2 车间进行唑啉草酯的中试。6 月 8 日晚班，操作人员在把前道工序得到的物料（中间体［1,4,5］氧二氮杂庚烷和二氯甲烷混合溶液）进行脱溶作业（回收二氯甲烷）时，反应釜发生爆炸，DCS 室画面显示温度由 65 ℃瞬间上升到 200 ℃以上（超出量程），现场伴有浓烟和火光。

（2）事故原因分析。

事故直接原因是：林江化工公司在未经全面论证和风险分析、不具备中试安全生产条件的情况下，在 500 mL 规模小试的基础上放大 10 000 倍进行试验，在进行中间体［1,4,5］氧二氮杂庚烷脱溶作业后期物料浓缩时，由于加热方式不合理、测温设施无法检测釜内液体的真实温度等原因，使浓缩的［1,4,5］氧二氮杂庚烷温度过高发生剧烈热分解，导致设备内压力骤升并发生爆炸。

事故间接原因有以下几个方面。

1）企业安全意识不足。企业对安全生产不重视，法律意识差，盲目追求经济利益，产品研发试验不尊重客观规律，违规开展中试，且对化工产品试验过程中的风险认识严重不足。在设备不具备安全条件的情况下，从 500 mL 规模小试直接放大 10 000 倍进行新产品试验，违反试验性项目安全管理相关规定。

2）企业安全管理混乱。企业未经安全审查和相应的安全设计及论证，擅自改造在役生产装置用作中试试验，安全设施缺乏。技术、生产、安全等岗位人员不认真履行职责，对风险未实施有效管理，未对试验性项目开展反应风险评估和系统风险分析，导致物料热稳定性以及反应风险参数等工艺安全信息缺失，所设置的操作参数（脱溶温度达 100 ℃）严重偏离安全范围。

3）企业安全教育培训不到位。因保密等因素，在未编制试验工序、操作规程的情况下，盲目展开中试，且多个主要物料采用代号，未作技术交底和风险告知。参加中试人员未经专门教育培训，对具体工艺和物料情况缺乏了解，盲目操作，对企业违规开展中试行为未能向监管部门投诉、举报。

（3）事故教训。

1）重视生产过程中的风险分析与评估。精细化工企业要按照《关于加强精细化工反应安全风险评估工作的指导意见》（安监总管三〔2017〕1 号）的要求，在研发、试验新项目时，必须系统、全面地开展各步骤的风险分析，对实验过程中性质不明的中间产物，必须开展热分解测试等风险评估工作。按照《危险化学品生产建设项目安全风险防控指南（试行）》要求，对涉及硝化、氯化、氟化、重氮化、过氧化工艺的精细化工生产装置开展有关产品生产工艺全流程的反应安全风险评估，并对相关原料、中间产品、产品及副产物进行热稳定性测试和蒸馏、干燥、储存等单元操作的风险评估。依据风险评估结果，提出有效的安全防范措施，制定操作规程，明确各项关键工艺参数的安全控制范围，制定事故应急预案，并结合风险评估的结果，有针对性地提高完善化工设备特别是中试设备的本质安全设计。

2）牢固树立风险意识。要充分认识到精细化工反应过程中一旦失控可能存在的风险及造成的后果，要通过开展反应风险评估以及对生产过程涉及的原料、中间产品、副产品等开展热稳定性分析，对其可能出现的风险有所预知、预判。

3）加强对中试装置的安全管理。对于涉及危险化学品（含原料、中间产品、副产品）的中试和扩大性试验项目，必须进行安全论证，严禁在危险化学品工业化生产装置上进行试验性生产，中（扩）试装置必须单独设置，并由具有相应资质的单位进行设计和施工建设。同时中试试验应逐步放大试验规模，切忌盲目放大。

另外，中试装置同一作业场所人数原则上不超过 3 人，避免造成群死群伤事故。中试装置与生产系统、装置相关联的，必须有紧急切断、隔离等措施。

4）重视蒸馏工艺的安全操作。精细化工企业多采用蒸馏工艺脱除物料中的有机溶剂。蒸馏工艺虽未列入重点监管的危险工艺，但也具有一定的危险性。尤其是蒸馏温度控制不当或釜液液位偏低，造成过度蒸馏，容易造成“干锅”现象。对于热稳定性较差的釜底残留物，可能受热分解，引发不期望反应发生。蒸馏工艺的操作应配备温度、压力、液位监测仪表，并设置相应安全联锁，避免出现过度蒸馏现象。

5）不断加强员工培训管理。一是要加强对员工安全生产知识及操作规程的培训，使各级人员掌握项目生产工艺原理、各环节可能潜在的风险、相应管理措施及应急处置措施等；二是要加强异常工况及紧急情况下的应急处置培训，对于生产过程中突发的异常工况及其他紧急情况能迅速分析判断原因，依据操作规程，及时采取行之有效的应急措施，遏制事态发展。

2. 宜宾恒达科技公司“7·12”重大爆燃着火事故发生的原因是什么？我们应该从中吸取哪些事故教训？

（1）事故情况简介。2018 年 7 月 12 日 18 时许，四川宜宾恒达科技公司发生重大爆炸着火事故，造成 19 人死亡，12 人受伤，直接经济损失约 4 142 万元。

事故装置为生产咪草烟的 2-氨基-2,3-二甲基丁酰胺（以下简称丁酰胺）脱水装置。咪草烟合成过程中，原料丁酰胺的脱水步骤采取加入甲苯并升温，利用甲苯和水互不相溶，与水形成共沸物，共沸物冷凝后在分层器分为两层，实现水与甲苯的分离。

2018 年 7 月 12 日 11 时 30 分左右，某物流公司将 2 t 标注为原料的 COD 去除剂（实为氯酸钠）送达宜宾恒达公司仓库。库管员未对入库原料进行认真核实，将其作为原料丁酰胺进行了入库处理。14 时左右，二车间到库房领取咪草烟生产原料丁酰胺，库管员将“丁酰胺”（实为氯酸钠）发出，二车间咪草烟生产岗位的当班人员通过升降机将生产原料“丁酰胺”提升到二车间三楼堆放。17 时 20 分前，操作人员将“丁酰胺”投入釜中并通蒸汽进行升温脱水作业。18 时 42 分 33 秒，反应釜发生化学爆炸。爆炸导致反应釜严重解体，随釜体解体过程冲出的高温甲苯蒸气，迅速与外部空气形成爆炸性混合物并产生二次爆炸，同时引起车间现场存放的氯酸钠、甲苯与甲醇等物料殉爆殉燃和二车间、三车间着火燃烧，进一步扩大了事故后果，造成重大人员伤亡和财产损失。

（2）事故原因分析。事故直接原因是：宜宾恒达公司在生产咪草烟的过程中，操作人员将无包装标识的氯酸钠当作丁酰胺，补充投入釜中进行脱水操作。在搅拌状态下，丁酰胺—氯酸钠混合物形成具有迅速爆燃能力的爆炸体系。开启蒸汽加热后，丁酰胺—氯酸钠混合物的撞击感度随着釜内温度升高而升高，引起釜内的丁酰胺—氯酸钠混合物发生化学爆炸，爆炸导致釜体解体。随釜体解体过程冲出的高温甲苯蒸气，迅速与外部空气形成爆炸性混合物并产生二次爆炸，引起车间现场存放的氯酸钠、甲苯与甲醇等物料殉爆殉燃和二车间、三车间着火燃烧，进一步扩大了事故后果，造成重大人员伤亡和财产损失。

（3）事故教训。

1）抓好工艺安全信息管理。事故企业以配方保密、物料名称不公开为由，要求供货商提供原料时，故意不标注物料的准确名称，致使错误物料进入库内，不能准确向员工提供物料的安全信息，最终导致事故发生。精细化工企业具有产量少、品种多、技术难获取的特点，实行技术保密无可厚非，但不能以技术保密而放弃安全，更不能以技术保密为由拒绝接受安全监管部门的检查。

2）加强从业人员的素质提升。事故企业从业人员大多为农民工，学历以初中居多，连车间主任也是初中毕业刚入厂不久，不符合国家对从事危险化学品生产的人员必须具有高中以上学历的要求。员工技术素质和应急能力的低下，普遍缺乏化工安全生产基本常识和基本操作技能，不清楚本岗位生产过程中存在的安全风险，不能严格执行工艺指标，不能有效处置生产异常情况，也间接导致了事故后果的扩大。

3）加强危险场所的安全管理。精细化工企业因反应机理不清、反应失控后后果难以预测而频频发生事故。精细化工企业除按照规定要求认真开展反应安全风险评估以外，还要对控制室、机柜间、交接班室、巡检室、操作室等人员密集场所进行抗爆加固，对涉及爆炸危险性化学品的生产装置控制室、交接班室应搬迁到装置区外，不得布置在装置区内。

4）提升生产装置自动化控制水平。事故企业安全投入严重不足，无自动化控制系统、安全仪表系统、可燃和有毒气体泄漏报警系统等安全设施，本质安全水平低下。精细化工企业要不断提升自动化控制水平，努力减少现场作业人数，避免恶性事故的发生。

3. 江苏连云港聚鑫生物公司“12·9”重大爆炸事故发生的原因是什么？我们应该从中吸取哪些事故教训？

2017 年 12 月 9 日 2 时 09 分左右，连云港聚鑫生物公司间二氯苯生产装置发生爆炸事故，导致装置所在的四车间和相邻的六车间坍塌，造成 10 人死亡、1 人轻伤，直接经济损失 4 875 万元。事故现场爆炸造成设备部件飞出如图 6-4 所示。

图 6-4　爆炸造成设备部件飞出

（1）事故装置基本情况。事故装置为该公司间二氯苯生产装置，位于聚鑫公司四车间，原料是该公司三车间生产的固体间二硝基苯。

间二氯苯生产过程涉及氯化工艺，该公司对氯化反应釜设置了 DCS 系统，对液氯气化装置设置了安全仪表系统，但间二硝基苯的脱水、保温釜压料为人工操作。

事故装置原设计保温釜物料压入高位槽的介质为氮气，2017 年 6 月左右，因制氮机损坏，企业擅自改用压缩空气。

（2）事故情况简介。2017 年 12 月 8 日 19 时左右，该公司四车间尾气处理操作工发现尾气处理系统真空泵处冒黄烟，随即报告班长甲。班长甲检查确认后，将通往活性炭吸附器的风门开到最大，黄烟不再外冒。

19 时 39 分左右，氯化操作工乙到 1 号保温釜用压缩空气（原应使用氮气）将釜内物料压送到 1 号高位槽。

19 时 44 分左右，放料工将 1 号脱水釜中的间二硝基苯和残液蒸馏回收的杂 2、杂 3 一并放入 1 号保温釜内。20 时 4 分放料结束。放料前保温釜温度 127 ℃，放料后温度降为 123 ℃，指标正常。

21 时左右，真空泵处再次冒黄烟。班长甲认为氯化水洗尾气压力高，关闭了脱水釜、保温釜尾气与氯化水洗尾气在三级碱吸收前连通管道上的阀门，黄烟基本消失。

21 时 35 分左右，车间控制室内操工告诉氯化操作工乙 1 号保温釜温度突然升高，要求检查温度、确认保温蒸汽是否关闭。氯化操作工乙到现场观察温度约为 152 ℃，随即手动紧了一圈夹套蒸汽阀。

22 时 42 分左右，班长甲在车间控制室看到 DCS 系统显示 1 号保温釜温度“150 ℃？”（已超 DCS 量程上限 150 ℃），认为是远传温度计损坏，未作相应处置。

23 时 30 分左右，班长甲所在班组与夜班班长丙所在班组 7 人进行了交接班。

接班后 23 时 57 分左右，班长丙所在班组精馏操作工发现 1 号高位槽顶部冒黄烟，报告班长丙，班长丙和七车间前来协助处理的班长丁等人赶到现场，班长丙到 1 号高位槽操作平台进行处理，黄烟变小后，人员全部离开了现场。

12 月 9 日零时 14 分左右，班长丙看到 1 号保温釜 DCS 温度显示是异常，又来到1号保温釜，打开保温釜紧急放空阀，没有烟雾排出又关闭放空阀。

1时1分左右，班长丙又到1号保温釜，打开1号保温釜紧急放空阀，有大量烟雾冒出，接着关闭紧急放空阀并离开。

2时5分左右，氯化操作工戊接到内操工指令，到1号保温釜进行压料操作，氯化操作工庚协助，精馏操作工己也在现场。

2时5分31秒，氯化操作工庚关闭了1号保温釜放空阀，氯化操作工戊打开压缩空气进气阀向1号高位槽压料，氯化操作工庚观察压料情况。

2时8分41秒，氯化操作工戊关闭压缩空气进气阀，看到1号保温釜压力快速上升；9分2秒，氯化操作工庚快速打开1号保温釜放空阀进行卸压；9分30秒，1号保温釜尾气放空管道内出现红光，紧接着保温釜釜盖处冒出淡黑色烟雾，氯化操作工戊、氯化操作工庚、精馏操作工己3人迅速跑离现场。

2时9分49秒，保温釜内喷出的物料发生第一次爆炸；9分59秒，现场发生了第二次爆炸。爆炸造成四车间及相邻六车间厂房坍塌。

事故共造成10人死亡，1人轻伤。死亡人员均为聚鑫公司职工，其中四车间3人，六车间7人。事故造成直接经济损失4 875万元。

（3）事故原因分析。

事故直接原因是：尾气处理系统的氮氧化物（夹带硫酸）串入1号保温釜，与釜内加入的间硝基氯苯、间二氯苯、1,2,4-三氯苯、1,3,5-三氯苯和硫酸根离子等回收残液形成混酸，在绝热高温下，与釜内物料发生化学反应，持续放热升温，并释放氮氧化物气体（冒黄烟），使用压缩空气压料时，高温物料与空气接触，反应加剧，紧急卸压放空时，遇静电火花燃烧，釜内压力骤升，物料大量喷出，与釜外空气形成爆炸性混合物，遇火源发生爆炸。

事故间接原因有以下几个方面。

1）该企业间二氯苯生产工艺没有正规技术来源，也没有委托专业机构进行工艺计算和施工图设计；总平面布置、设备选型和安装、管线走向等全凭企业人员经验决定。

2）在未取得危险化学品安全生产许可证的情况下，违法组织生产。

3）自动控制水平低，间二氯苯生产装置保温釜压料、反应釜进料、精制单元均没有实现自动控制，仍采用人工操作。

4）变更管理严重缺失。未执行变更管理要求，擅自取消保温釜爆破片，使设备安全性能降低；擅自更改压料介质；擅自改造环保尾气系统，造成事故隐患。

5）操作人员资质不符合规定要求。事故车间绝大部分操作工均为初中及以下文化水平，特种作业人员未持证上岗。

（4）事故教训。

1）突出重点环节，加强工艺安全管理。精细化工企业必须系统、全面的开展各步骤的风险分析。按照《危险化学品生产建设项目安全风险防控指南（试行）》要求，对涉及硝化、氯化、氟化、重氮化、过氧化工艺的精细化工生产装置开展有关产品生产工艺全流程的反应安全风险评估，并对相关原料、中间产品、产品及副产物进行热稳定性测试和蒸馏、干燥、储存等单元操作的风险评估。依据风险评估结果，提出有效的安全防范措施，制定操作规程，明确各项关键工艺参数的安全控制范围，制定事故应急预案，并结合风险评估的结果，有针对性地提高完善化工设备特别是中试设备的本质安全设计。

2）规范变更管理。从事故经过可以看出，企业随意改变了压料所用的介质，没有履行变更手续，没有经过各级人员的严格审核，忽视了变更中可能带来的风险。使本应该通过各级严格审核，可以发现的隐患酿成事故。应按照《关于加强化工过程安全管理的指导意见》（安监总管三〔2013〕88号）的规定，对变更风险进行分析，并针对风险提出控制措施。及时修订变更所涉及的操作规程等，将变更相关信息及时传递到所涉及的有关人员。

3）企业应加强安全管理水平。建立健全企业安全生产管理制度，加强日常安全教育培训，落实企业安全生产主体责任，严禁在未取得危险化学品安全生产许可证的前提下，违法组织生产。

三、氯碱企业典型事故

河北盛华化工公司“11·28”事故发生的原因是什么？我们应该从中吸取哪些事故教训？

2018 年 11 月 28 日零时 40 分 55 秒，河北盛华化工公司氯乙烯泄漏扩散至厂外区域，遇火源发生爆燃，造成 24 人死亡，21 人受伤，直接经济损失 4 148.8 万元。

（1）事故情况简介。2018 年 11 月 27 日 23 时，盛华化工公司聚氯乙烯车间氯乙烯工段丙班接班。班长甲、精馏岗 DCS 操作员乙以及精馏巡检工丙、丁等人上岗。接班后，操作员乙在中控室盯岗操作，班长甲在中控室查看转化及精馏数据，未见异常。23 时 20 分左右，精馏巡检工丙和丁从中控室出来，直接到巡检室。

28 日零时 36 分 53 秒，DCS 运行数据记录显示，压缩机入口压力降至 0.05 kPa。中控室视频显示，操作员乙在之后 3 min 内进行了操作；DCS 运行数据记录显示，回流阀开度在约 3 min 内由 30%调整至 80%。零时 39 分 19 秒，DCS 运行数据记录显示，气柜高度快速下降，操作员乙用对讲机呼叫精馏巡检工丙，告知气柜液位波动，通知其去检查。随后，操作员乙用手机向班长甲汇报气柜波动大。

班长甲在零时 41 分左右，听见爆炸声，看见厂区南面起火，立即赶往中控室通知调度室。经请示后，通知转化岗 DCS 操作员启动紧急停车程序，同时班长甲、精馏巡检工丙、丁一起打开球罐区喷淋水，随后对氯乙烯打料泵房及周围进行灭火。

（2）事故原因分析。

事故直接原因是：1 号氯乙烯气柜长期未按规定检修，事发前氯乙烯气柜卡顿、倾斜，开始泄漏，压缩机入口压力降低，操作人员没有及时发现气柜卡顿，仍然按照常规操作方式调大压缩机回流，导致进入气柜的气量加大，加之调大过快，氯乙烯冲破环形水封出现泄漏，并向厂区外扩散，当蔓延到工厂对面的某公司厂区内时，遇该公司处于通电状态下的箱型高温炉产生的高温，以此作为火源发生爆燃。

由于盛华化工公司所在310省道路段存在车辆长期违规停车现象，未得到及时解决，致使事故造成停车场内人员死亡，7辆大货车、5辆小型车损毁，如图6-5所示。同时停在路边等待卸货的车辆也受到波及，并造成人员伤亡。

图6-5　事故导致停车场内汽车损毁

事故间接原因有以下几个方面。

1）设备设施管理缺失。违反危险化学品企业关于气柜需定期维护检修的规定，1号氯乙烯气柜长期未按规定检修，导致氯乙烯气柜卡顿、倾斜，设备腐蚀严重，如气柜钟罩腐蚀穿孔，未及时修复。

2）工艺管理薄弱，操作纪律松弛。操作规程不具有操作性，装置参数记录简单。操作人员对装置异常工况处置不当，泄漏发生后，企业应对不及时、不科学，没有相应的应急响应能力。

3）控制仪表、安全仪表管理不规范。氯乙烯压缩机实际设置了压力控制回路（氯乙烯压缩机入口压力控制回流阀），但一直处于手动调节，无法自动调节。中控室经常关闭可燃、有毒气体报警声音，对各项报警习以为常，没有及时应对。

4）风险管控能力不足。厂区外南侧道路改造升级后，对高风险装置设施氯乙烯气柜、球罐重视不够，风险管控措施不足，对环境改变带来的安全风险认识不够，意识淡薄，管控能力差，造成风险外溢。

5）公司劳动纪律涣散，不能对生产装置实施有效监控。隐患排查治理不到位，未认真落实隐患排查治理制度。

（3）事故教训。

1）加强设备管理，严格按照设备检修规程做好设备的日常维护保养和计划检修工作，确保设备设施完好性。

2）严格工艺管理，不断提高员工操作技能，完善工艺参数的过程报警、操作记录的管理。制定氯乙烯专项管理制度和管控措施，采取可靠的技术手段和管理措施，防止液相氯乙烯泄漏到气柜。

3）加强生产管理，严格执行巡检管理制度、交接班等制度，加强对关键设备、重点部位的管控，保证生产安全平稳运行。强化安全教育培训，提升各类人员安全管理素质。

4）开展外部安全防护距离评估工作，切实做好总图布局，严格控制风险，杜绝风险外溢现象。

5）强化安全领导力，发挥企业各级管理人员的示范效应，严格落实主体责任，安全责任到岗位、到人员。

思考题

1. 山东日照市石大科技有限公司“7·16”液化石油气爆炸事故发生的原因是什么？我们应该从中吸取哪些教训？

2. 河南义马气化厂“7·19”重大爆炸事故发生的原因是什么？我们应该从中吸取哪些教训？

3. 腾龙芳烃（漳州）有限公司“4·6”爆炸着火事故的原因是什么？我们应该从中吸取哪些教训？

第七章 工伤保险

第一节 工伤保险基础

一、工伤保险的特点及适用范围

1. 工伤保险的特点有哪些?

（1）具有补偿性。工伤保险是法定的强制性社会保险，是通过对受害人实施医疗救治和给予必要的经济补偿以保障其经济权利的补救措施。从根本上说，它是由政府监管、社保机构经办的社会保障制度。

（2）权利主体的特定性。享有工伤保险权利的主体只限于用人单位的职工或者雇工，其他人不能享有这项权利。如果在单位发生生产安全事故时对职工或者雇工以及其他人造成伤害，只有本单位的职工或者雇工可以得到工伤保险补偿，而受到事故伤害的其他人则不能享有这项权利。所以，工伤保险补偿权利的权利主体是特定的。

（3）义务和责任主体的法定性。依照《中华人民共和国安全生产法》和《工伤保险条例》的规定，生产经营单位和用人单位有为从业人员办理工伤保险、缴纳保险费的义务，这就确定了生产经营单位和用人单位是工伤保险的义务和责任主体。不履行这项义务，就要承担相应的法律责任。

（4）无责任补偿。按照国际惯例和我国立法，工伤保险补偿实行无责任补偿，即无过错补偿的原则，这是基于职业风险理论确立的。这种理论从最大限度地保护职工权益的理念出发，认为职业伤害不可避免，职工无法抗拒，不能以受害人是否负有责任来决定是否补偿，只要因公受到伤害就应补偿。基于这种理论，工伤保险不强调造成工伤的原因、过错及其责任，只要确认职工在法定情形下发生工伤，就依法享有获得经济补偿的权利。

（5）社会共济方式的风险补偿。按照无责任补偿原则，工伤补偿风险的第一承担者本应是企业或者业主，但是工伤保险是以社会共济方式确定补偿风险承担者的，因此不需要企业或者业主直接负责补偿，而是将补偿风险转由社保机构承担，由社保机构负责支付工伤保险补偿金。只要企业或者业主依法足额缴纳了工伤保险费，那么工伤补偿的责任就要由社保机构承担。工伤保险实际上是一种转移工伤补偿的风险和责任的社会共济方式。

2. 工伤保险的适用范围有哪些？

依据《工伤保险条例》第二条规定，中华人民共和国境内的企业、事业单位、社会团体、民办非企业单位、基金会、律师事务所、会计师事务所等组织和有雇工的个体工商户（以下称用人单位）应当依照本条例规定参加工伤保险，为本单位全部职工或者雇工（以下称职工）缴纳工伤保险费。中华人民共和国境内的企业、事业单位、社会团体、民办非企业单位、基金会、律师事务所、会计师事务所等组织的职工和个体工商户的雇工，均有依照本条例的规定享受工伤保险待遇的权利。

依据《工伤保险条例》第六十六条规定，无营业执照或者未经依法登记、备案的单位以及被依法吊销营业执照或者撤销登记、备案的单位的职工受到事故伤害或者患职业病的，由该单位向伤残职工或者死亡职工的近亲属给予一次性赔偿，赔偿标准不得低于本条例规定的工伤保险待遇；用人单位不得使用童工，用人单位使用童工造成童工伤残、死亡的，由该单位向童工或者童工的近亲属给予一次性赔偿，赔偿标准不得低于本条例规定的工伤保险待遇。

二、工伤保险费的管理

1. 企业如何缴纳工伤保险费？

（1）确定费率的原则。依据《工伤保险条例》的规定，工伤保险费根据以支定收、收支平衡的原则，确定费率。工伤保险实行用人单位缴纳保险费的方式，建立工伤保险社会统筹基金。

（2）费率的制定。依据《工伤保险条例》的规定，国家根据不同行业的工伤风险程度确定行业的差别费率，并根据工伤保险费使用、工伤发生率等情况在每个行业内确定若干费率档次。

（3）工伤保险费的缴纳。依据《工伤保险条例》的规定，用人单位应当按时缴纳工伤保险费。职工个人不缴纳工伤保险费。用人单位缴纳工伤保险费的数额为本单位职工工资总额（用人单位直接支付给本单位全部职工的劳动报酬总额）乘以单位缴费费率之积。

2. 企业如何使用工伤保险基金？

依据《工伤保险条例》的规定，工伤保险基金存入社会保障基金财政专户，用于《工伤保险条例》规定的工伤保险待遇，劳动能力鉴定，工伤预防的宣传、培训等费用，以及法律、法规规定的用于工伤保险的其他费用的支付。

任何单位或者个人不得将工伤保险基金用于投资运营、兴建或者改建办公场所、发放奖金，或者挪作其他用途。

思考题

1. 企业如何合理使用工伤保险基金？
2. 企业如何做好工伤保险费的管理工作？

第二节　工伤认定及劳动能力鉴定

一、工伤认定的范围

1. 应当认定为工伤的情形有哪些?

依据《工伤保险条例》第十四条规定，职工有下列情形之一的，应当认定为工伤：

（1）在工作时间和工作场所内，因工作原因受到事故伤害的；

（2）工作时间前后在工作场所内，从事与工作有关的预备性或者收尾性工作受到事故伤害的；

（3）在工作时间和工作场所内，因履行工作职责受到暴力等意外伤害的；

（4）患职业病的；

（5）因工外出期间，由于工作原因受到伤害或者发生事故下落不明的；

（6）在上下班途中，受到非本人主要责任的交通事故或者城市轨道交通、客运轮渡、火车事故伤害的；

（7）法律、行政法规规定应当认定为工伤的其他情形。

2. 视同工伤的情形有哪些?

依据《工伤保险条例》第十五条规定，职工有下列情形之一的，视同工伤：

（1）在工作时间和工作岗位，突发疾病死亡或者在48小时之内经抢救无效死亡的；

（2）在抢险救灾等维护国家利益和公共利益活动中受到伤害的；

（3）职工原在军队服役，因战、因公负伤致残，已取得革命伤残军人证，到用人单位后旧伤复发的。

因故意犯罪、醉酒或者吸毒、自残或者自杀的等情形，不得认定为工伤或者视同工伤。

3. 不得认定为工伤或者视同工伤的情形有哪些?

依据《工伤保险条例》第十六条规定，符合该条例第十四条、第十五条的规定，但存在故意犯罪、醉酒或者吸毒、自残或者自杀等情形的，不得认定为工伤或者视同工伤。

二、工伤认定申请及工伤医疗补偿

1. 如何申请工伤认定?

职工发生事故伤害或者按照职业病防治法规定被诊断、鉴定为职业病，所在单位应当自事故伤害发生之日或者被诊断、鉴定为职业病之日起 30 日内，向统筹地区社会保险行政部门提出工伤认定申请。遇有特殊情况，经报社会保险行政部门同意，申请时限可以适当延长。

用人单位未按规定提出工伤认定申请的，工伤职工或者其近亲属、工会组织在事故伤害发生之日或者被诊断、鉴定为职业病之日起 1 年内，可以直接向用人单位所在地统筹地区社会保险行政部门提出工伤认定申请。用人单位未在规定的时限内提交工伤认定申请，在此期间发生符合规定的工伤待遇等有关费用由该用人单位负担。

2. 申请工伤认定应提交哪些材料?

依据《工伤保险条例》第十八条规定，提出工伤认定申请，应当提交工伤认定申请表、与用人单位存在劳动关系（包括事实劳动关系）的证明材料、医疗诊断证明或者职业病诊断证明书（或者职业病诊断鉴定书）等材料。工伤认定申请表应当包括事故发生的时间、地点、原因以及职工伤害程度等基本情况。

三、劳动能力鉴定

1. 什么情况下应当进行劳动能力鉴定?

职工发生工伤，经治疗伤情相对稳定后存在残疾、影响劳动能力的，或者停工留薪期满（含劳动能力鉴定委员会确认的延长期限），工伤职工或者其近亲属、用人单位应当及时向设区的市级劳动能力鉴定委员会提出劳动能力鉴定申请。

工伤职工也应结合具体情况，就是否具备工伤康复资格、是否需要安装辅助器具等提出劳动能力鉴定确认申请。

2. 劳动能力鉴定的等级是如何划分的？

劳动能力鉴定是指劳动功能障碍程度和生活自理障碍程度的等级鉴定。

劳动功能障碍分为 10 个伤残等级，最重的为一级，最轻的为十级。

生活自理障碍分为 3 个等级：生活完全不能自理、生活大部分不能自理和生活部分不能自理。

劳动能力鉴定标准由国务院社会保险行政部门会同国务院卫生健康部门等部门制定。

我国目前使用的是 2014 年由国务院社会保险行政部门会同国务院卫生行政部门等部门制定发布的《劳动能力鉴定职工工伤与职业病致残等级》（GB/T 16180—2014）。

3. 应当由谁提出劳动能力鉴定申请？

能够提出劳动能力鉴定申请的主体分为 3 类。

（1）用人单位，即工伤职工所在单位。该职工与用人单位之间存在劳动关系，并且工伤是由于为本单位工作造成的，因此，职工发生事故伤害后，为职工申请工伤认定、劳动能力鉴定，是用人单位的法定责任。

（2）工伤职工，即因工受到事故伤害被认定为工伤的职工本人。职工如果认为工伤受到的伤害可能或已经影响其劳动能力的，可以申请劳动能力鉴定。

（3）工伤职工的近亲属。工伤职工受伤较为严重，自己提出申请有困难，由其近亲属代为申请，近亲属包括配偶、子女、父母、兄弟姐妹、祖父母、外祖父母。

思考题

1. 职工发生工伤后，用人单位应主动做好哪些工作？
2. 安全生产分管负责人如何组织做好劳动能力鉴定工作？

第三节 工伤保险待遇

1. 工伤后就医有什么要求？费用报销有什么要求？

职工治疗工伤应当在签订服务协议的医疗机构就医，情况紧急时可以先到就近的医疗机构急救。

治疗工伤所需费用符合工伤保险诊疗项目目录、工伤保险药品目录、工伤保险住院服务标准的，从工伤保险基金支付。

工伤职工治疗非工伤引发的疾病，不享受工伤医疗待遇。

2. 参保工伤职工医疗期间能享受哪些待遇？

参保工伤职工在停工留薪期内，原工资福利待遇不变，由所在单位按月支付，停工留薪期一般不超过 12 个月。伤情严重或情况特殊的，经劳动能力鉴定委员会确认，可适当延长，但延长期不得超过 12 个月。生活不能自理的工伤职工在停工留薪期需要护理的，由所在单位负责。具体待遇见表 7-1。

表 7-1　参保工伤职工医疗期间待遇

项目	计发基数及标准	支付方式
医疗费	签订服务协议的医疗机构内，符合规定范围内的医疗费	基金支付
康复费	签订服务协议的医疗机构内，符合规定范围内的康复费	
辅助器具费	经劳动能力鉴定委员会确认需安装辅助器具的，发生符合支付标准的辅助器具配置费用	基金支付
住院伙食补助费	职工治疗工伤的伙食费用，按当地标准支付	基金支付
异地就医交通食宿费	经医疗机构出具证明，报社会保险经办机构同意，工伤职工到统筹地区以外就医所需的交通、食宿费用，按当地标准支付	基金支付
工资福利	停工留薪期间，按原工资福利待遇支付	单位支付
护理费用	生活不能自理的工伤职工在停工留薪期间需要护理的	单位支付

3. 参保工伤职工劳动能力鉴定后有哪些一次性待遇？

工伤医疗终结后一次性发放待遇（一级至十级伤残）见表 7-2。

表 7-2　　工伤医疗终结后一次性发放待遇

<table>
<tr><th>项目</th><th>计发基数</th><th colspan="2">计发标准</th><th>支付方式</th></tr>
<tr><td rowspan="10">一次性伤残补助金</td><td rowspan="10">本人工资</td><td>一级</td><td>27 个月</td><td rowspan="10">基金支付</td></tr>
<tr><td>二级</td><td>25 个月</td></tr>
<tr><td>三级</td><td>23 个月</td></tr>
<tr><td>四级</td><td>21 个月</td></tr>
<tr><td>五级</td><td>18 个月</td></tr>
<tr><td>六级</td><td>16 个月</td></tr>
<tr><td>七级</td><td>13 个月</td></tr>
<tr><td>八级</td><td>11 个月</td></tr>
<tr><td>九级</td><td>9 个月</td></tr>
<tr><td>十级</td><td>7 个月</td></tr>
<tr><td>一次性工伤医疗补助金</td><td>按各地具体制定的标准执行</td><td>五级至十级</td><td>按各地具体制定的标准执行</td><td>终止劳动关系和工伤保险关系时，基金支付</td></tr>
<tr><td>一次性伤残就业补助金</td><td>按各地具体制定的标准执行</td><td>五级至十级</td><td>按各地具体制定的标准执行</td><td>终止劳动关系和工伤保险关系时，单位支付</td></tr>
</table>

4. 参保工伤职工劳动能力鉴定后可以定期获得哪些长期待遇？

工伤医疗终结后定期发放的待遇见表 7-3。

表 7-3　　工伤医疗终结后定期发放的待遇

<table>
<tr><th>项目</th><th>计发基数</th><th colspan="2">计发标准</th><th>支付方式</th></tr>
<tr><td rowspan="6">伤残津贴</td><td rowspan="6">本人工资</td><td>一级</td><td>90%</td><td rowspan="4">基金按月支付</td></tr>
<tr><td>二级</td><td>85%</td></tr>
<tr><td>三级</td><td>80%</td></tr>
<tr><td>四级</td><td>75%</td></tr>
<tr><td>五级</td><td>70%</td><td rowspan="2">保留劳动关系，难以安排工作的，由单位按月支付</td></tr>
<tr><td>六级</td><td>60%</td></tr>
<tr><td rowspan="3">生活护理费</td><td rowspan="3">统筹地区上年度职工月平均工资</td><td>完全不能自理</td><td>50%</td><td rowspan="3">基金按月支付</td></tr>
<tr><td>大部分不能自理</td><td>40%</td></tr>
<tr><td>部分不能自理</td><td>30%</td></tr>
</table>

5. 职工因工死亡有哪些待遇？

职工因工死亡，其近亲属按照下列规定从工伤保险基金领取丧葬补助金、供养亲属抚恤金和一次性工亡补助金，具体见表 7-4。

表 7-4　职工因工死亡待遇

<table>
<tr><th>项目</th><th>计发基数</th><th colspan="2">计发标准</th><th>支付方式</th></tr>
<tr><td>丧葬补助金</td><td>统筹地区上一年度职工月平均工资</td><td colspan="2">6 个月</td><td>基金支付</td></tr>
<tr><td>一次性工亡补助金</td><td>上一年度全国城镇居民人均可支配收入</td><td colspan="2">20 倍</td><td>基金支付</td></tr>
<tr><td rowspan="3">供养亲属抚恤金</td><td rowspan="3">本人工资</td><td>配偶</td><td>40%</td><td rowspan="3">基金按月支付，符合工亡职工供养范围条件的亲属可领取</td></tr>
<tr><td>其他亲属</td><td>30%</td></tr>
<tr><td colspan="2">孤寡老人或者孤儿每人每月在上述标准的基础上增加 10%，核定的各供养亲属的抚恤金之和不应高于因工死亡职工生前的工资</td></tr>
</table>

思考题

1. 安全生产分管负责人如何保障参保工伤职工享受停工留薪期待遇？
2. 安全生产分管负责人在工伤保险待遇发放工作中应发挥什么样的作用？

第四节　工 伤 预 防

1. 什么是工伤预防？

工伤预防是建立健全工伤预防、工伤康复和工伤补偿三位一体工伤保险制度的重要内容，是指事先防范职业伤亡事故以及职业病的发生，减少职业伤亡事故及职业病的隐患，改善和创造有利于健康的、安全的生产环境和工作条件，保护职工生产、工作环境中的安全和健康。工伤预防的措施主要包括工程技术措施、教育措施和管理措施。

2. 企业如何履行工伤预防主体责任？

（1）牢固树立预防优先的工作理念。深入学习贯彻习近平总书记关于“人民至上、生命至上”的重要指示精神，始终把人民群众生命安全和身体健康放在第一位，把减少事故伤害和职业病危害作为工伤预防的根本出发点和落脚点，从源头上防止工伤事故发生，切实保障劳动者的生命安全和身体健康。工伤预防要坚持以人民为中心的发展思想，适应推进国家治理体系和治理能力现代化要求，完善“预防、康复、补偿”三位一体制度体系，把工伤预防作为工伤保险优先事项，采取一切适当的手段组织推进，切实提升工伤预防意识和能力，实现从“要我预防”到“我要预防”“我会预防”的转变。

（2）主动采取措施提供劳动保障，积极开展工伤预防工作。《中华人民共和国安全生产法》规定，生产经营单位应当教育和督促从业人员严格执行本单位的安全生产规章制度和安全操作规程；并向从业人员如实告知作业场所和工作岗位存在的危险因素、防范措施以及事故应急措施。生产经营单位应当关注从业人员的身体、心理状况和行为习惯，加强对从业人员的心理疏导、精神慰藉，严格落实岗位安全生产责任，防范从业人员行为异常导致事故发生。生产经营单位必须为从业人员提供符合国家标准或者行业标准的劳动防护用品，并监督、教育从业人员按照使用规则佩戴、使用。

《中华人民共和国劳动法》规定，用人单位必须建立、健全劳动安全卫生制度，严格执行国家劳动安全卫生规程和标准，对劳动者进行劳动安全卫生教育，防止劳动过程中的事故，减少职业危害。劳动安全卫生设施必须符合国家规定的标准。新建、改建、扩建工程的劳动安全卫生设施必须与主体工程同时设计、同时施工、同时投入生产和使用。用人单位必须为劳动者提供符合国家规定的劳动安全卫生条件和必要的劳动防护用品，对从事有职业危害作业的劳动者应当定期进行健康检查。

《工伤保险条例》第四条规定，用人单位和职工应当遵守有关安全生产和职业病防治的法律法规，执行安全卫生规程和标准，预防工伤事故发生，避免和减少职业病危害。职工发生工伤时，用人单位应当采取措施使工伤职工得到及时救治。

（3）缴纳工伤保险相关费用。《中华人民共和国安全生产法》《中华人民共和国社会保险法》《工伤保险条例》等法律法规规定，职工应当参加工伤保险，由生产经营单位缴纳保险费，职工不缴纳工伤保险费。用人单位应当按照本单位职工工资总额，根据社会保险经办机构确定的费率缴纳工伤保险费。职工所在用人单位未依法缴纳工伤保险费，发生工伤事故的，由用人单位支付工伤保险待遇。用人单位不支付的，从工伤保险基金中先行支付。从工伤保险基金中先行支付的工伤保险待遇应当由用人单位偿还。用人单位不偿还的，社会保险经办机构可以依照本法相关的规定追偿。

（4）开展工伤预防能力提升培训。按照人力资源社会保障部等8部委联合印发的《工伤预防五年行动计划（2021—2025年）》要求，实施重点行业重点企业工伤预防（安全生产、职业病防治）能力提升培训工程，重点培训重点行业重点企业分管负责人、安全管理部门主要负责人和一线班组长等重点岗位人员。2025年底前实现上述人员培训全覆盖。采取线上培训和线下培训相结合方式，更加注重发挥线上培训的作用。充分发挥信息化、大数据、人工智能在工伤预防方面的作用，一体化推进工伤预防信息共享、在线培训、考核评估，普及工伤预防科学知识、宣传工伤预防政策、开展工伤预防线上培训、强化工伤事故警示教育。

（5）全面加强工伤预防宣传。充分发挥主流媒体和新媒体作用，充分发挥各部门和有关行业企业的宣传作用，抓住重点时段、重要节点、重大事件开展有针对性宣传。要从关注关爱职工群众生命安全和职业健康的视角，运用影音视频、图标图解、典型案例、身边工伤事件等群众易于接受、感染力强的形式，宣传职业病防治、安全生产、交通事故防范、心脑血管疾病防治等方面的知识，不断提高职工群众的工伤预防意识和自我保护意识。鼓励工伤事故和职业病高发易发企业设立工伤预防警示教育基地。

思考题

1. 班组长如何做好本班组重点岗位人员工伤预防培训工作？
2. 班组如何通过工伤预防宣传工作，提高从业人员工伤预防意识？

参考文献

[1] 王浩水. 化工过程安全管理与实践［M］. 北京：中国石化出版社，2022.

[2] 尚勇，张勇. 中华人民共和国安全生产法释义［M］. 北京：中国法制出版社，2021.

[3] 中国电力教育协会. 电力行业企业培训师培训教材［M］. 北京：中国电力出版社，2021.

[4] 中国化学品安全协会. 危险化学品重大危险源操作负责人工伤预防知识［M］. 北京：中国劳动社会保障出版社，2022.

[5] 中国化学品安全协会.《危险化学品企业安全风险隐患排查治理导则》应用读本［M］. 北京：中国石化出版社，2019.

[6] 罗云. 班组长安全文化手册［M］. 2 版. 北京：煤炭工业出版社，2018.

[7] 雷振德，王游霁. 班组管理与企业文化［M］. 北京：科学出版社，2010.

[8] 崔政斌，胡万林. 班组安全建设方法 160 例［M］. 3 版. 北京：化学工业出版社，2016.

[9] 崔政斌，赵海波. 班组现场安全管理 100 例［M］. 北京：化学工业出版社，2021.

[10] 马金才，葛亮. 化工设备操作与维护［M］. 2 版. 北京：化学工业出版社，2021.

[11] 王绍良. 化工设备基础［M］. 3 版. 北京：化学工业出版社，2019.

[12] 张斌. 特种设备安全技术［M］. 北京：化学工业出版社，2013.

［13］李盈康. 电气安全技术问答［M］. 北京：中国石化出版社，2019.

［14］蔡庄红，白航标. 安全评价技术［M］. 3 版. 北京：化学工业出版社，2019.

［15］陈思慧，黄锦云. 企业安全生产标准化建设须“六让”［J］. 安全与健康，2013.

［16］中国安全生产科学研究院. 安全生产技术基础［M］. 北京：应急管理出版社，2022.